KB167787

엄마 되기의 민낯

독 박 육 아 구 원 프 로 젝 트

엄마 되기의 민낯

신나리 지음

연필

추천의 글

서로를 포기하지 않기 위해 해 온 우리의 '독박 육아 구원 프로젝트'

'좋은 엄마'와 '맘충' 사이에는 종이 한 장만큼의 거리도 확보되어 있지 않다. 어제 좋은 엄마라고 칭송받았던 이가 오늘 갑자기 벌레로 전락해 비난의 포화에 휩싸일 수 있다. 양극단의 평가 사이를 살얼음판 건듯 걸어야 하는 엄마들 주위에는 번쩍거리는 책과 강연들이 포진해 있다. 엄마로서 '해야 할' 갖가지 의무를 만들어 내고 그 의무를 잘해 낼 비법을 가르쳐 주는 지침서들이 불안해하는 엄마들의 마음에 파고들어 외친다.

더 노력해라! 모든 게 네가 노력하지 않은 탓이다! 『엄마 되기의 민낯』은 그런 지침서들과 결이 다르다. 엄마가 된 뒤 여성이 받아 들게 되는 일상을 날것 그대로 보여 준다. 빠듯한 일상에 따라오는 사회의 모순된 시선도 냉철하게 그려 낸다. 현실과 통념 사이의 간극을 정확히 짚어 내며 날카롭게 반문하는 이 책이 혼란스러운 육아의 자리와 비현실적인 지침서들 사이에서 어쩔 줄 몰라 하는 엄마들에게 단비가 되어 줄 것이다. _정아은(소설가)

훌륭한 아이는 오롯이 엄마에 의해서 만들어진다는 사회 분위기 속 늘 마음 한편에 넣어 두었던 죄책감. 태어날 때부터 엄마인 사람은 없다. 죄책감에서 벗어나게 해 준, 마음 한편을 보듬어 주는 글. _min

처음 하는 서투른 엄마 역할에 자책하기 일쑤였던 삶. 완벽한 엄마가 되기란 너무 힘든 일이란 걸, 완벽하지 못해도 미안해할 필요 없다는 걸 느끼게 됐습니다. 더는 자신을 미워하며 자책하지 않게 되었네요. _꽃게엄마

자식이 있는 삶과 없는 삶의 간극은 얼마나 될까요. 선택하지 않은 삶은 결국 물음표로 남겠지요. 저는 다만 자기 자신에 대한 앎, 출산과 육아, 모성의 실태를 통해 스스로 선택하고 싶었어요. 작가님의 글은 제 삶의 한 부분을 선택하는 데에 큰 도움이 되었습니다. _카넬로즈

아이 키우는 건 10을 준다고 10이 되는 게 아니더라고요. 작가님 글을 보며 나만 그런 게 아니구나, 이렇게 엉망인 것 같지만 해 나가다 보면 나에게도 괜찮은 날이 올 수 있겠다 하는 용기를 갖게 됐습니다. 용기가 생기니 비로소 아이에게도 저에게도 조금 더 나은 하루하루가 되더라고요. 엄마 아빠가 되는 모든 사람에게 추천하고 싶습니다. 서로를 이해하고 보듬게 하는 따뜻한 글이거든요. _똥글에몽

어떤 육아서보다 논리와 근거가 뒷받침되는 글이었어요. 작가님 글을 남편에게 읽어 보라 권한 후 이제 싸움 대신 육아에 관해 토론하는 일상을 보내고 있습니다. _innovie

아기를 낳고 달라진 내 삶이 참 버거우면서도 그 버거움을 적나라하게 말하기가 꺼려졌어요. 마치 아기를 낳은 것을 후회하는 듯해서요. 그런 말을 꺼내는 것조차 잘못하는 일 같아 속상했던 시간. 사이다 같은 작가님 글이 어찌나 위안이 됐는지 모릅니다. _까스명수

글을 보는 내내 여러 감정을 느꼈습니다. 엄마라는 타이틀의 무게가 무거운 이유는 사람들의 시선에 대한 두려움 때문이었거든요. 그런 저에게 있어서 작가님의 글은 언제나

무릎을 탁 치게 합니다. _토닥이맘

아이를 낳은 후로 늘 짐 지고 온 당연시되는 여러 의무감에 주눅이 들어 더듬더듬, 휘청휘청, 겨우겨우 버텨 왔는데 "그러지 않아도 돼"라는 말에 무척 힘을 얻었어요! _이결

엄마들뿐 아니라 엄마가 아닌, 아직 안 된, 그리고 될 수 없는 분들(남편 포함) 등 모두에게 많이 읽히는 책이 되길 바랍니다. 솔직함이 가진 힘이 이 글을 읽는 한 사람 한 사람에게 어떤 영향을 줄지 설레네요. _기빙트리

작가님 글은 세상 사람들의 아름다운 환상만 만드는 육아 이야기에 다름을 느끼고 좌절하는 저를 토닥여 주었습니다. 나 자신을 돌아보고 나만의 방식을 찾아가게 도와주는 진정한 육아(育我) 이야기입니다. _아트돌핀

육아와 가사 노동의 민낯을 이리 촘촘히 날것 그대로 드러낸 글은 처음이었습니다. 아이를 키우는 수많은 엄마 아빠에게 위로와 응원의 메시지를 널리 전하는 파발마의 역할을 꼭 해 주시길! _애땅

민낯을 드러내는 것은 누구에게나 두렵고 힘든 일이며, 드러낸 맨 살갗은 너무나 아프기까지 하다. 하지만, 당당히 드러냄으로써 그 상처는 더 이상 내 것이 아님을 선언할 수 있게 된다. 그녀의 용기 덕분에 많은 사람이 치유받고 힘을 얻었다. 그녀의 글은 그녀와 그녀를 둘러싼 모든 에너지를 함께 재생하고 보듬는 힘이 있다. _절친부부

신혼 시절, 아이를 낳을지 고민을 하던 도중 솔직함으로 무장한 작가님의 글을 만났습니다. 아름답게만 포장된 육아 이야기보다 더 깊은 생각을 하게 만들어 준 글. 한 인간을 양육한다는 것이 삶에 어떤 변화와 성장을 가져오는지 알고 싶은, 알아야 할 모든 이에게 추천하고 싶어요. 소설에서도 신문 기사에서도 쉽게 접할 수 없는, 꼭 필요한 이야기입니다. _미니멀꼬야

글을 읽는 순간 육아라는 산을 힘겹게 오르던 중 산 중턱의 쉼터를 발견한 기분이었다. 거기에 시원한 물 한 병까지 받은 느낌. 힘들다고 생각하는 것 자체가 엄마 자격에 미달이 아닐까 고민하며 죄책감에 주저앉은 나에게 용기를 준 글이다. 육아라는 높은 산을 오르고 있는 모든 이에게 이 책은 시원한 얼음물이 될 것이다. _Being me

어느 날 아이가 잠들고 육아 글을 찾던 중 작가님 글을 읽었어요. 가슴이 먹먹하기도, 시원하기도 했습니다. 친정 엄마와의 관계에 관한 글은 제 삶에 많은 변화도 주었습니다. 시원이보다 한 살 많은 6살 딸, 그리고 IT직군 남편…… 그래서 공감도 많이 되었나 봅니다. _강지토리

아내가 한 문장, 한 문장 써 가는 동안 나는 돈만 버는 사람에서 아빠가 되어 갔다. _이종찬(저자의 남편)

시작하며

루저 엄마의 고백

아이를 잘 키울 줄 알았다. 쿨하게. 엄마가 되면서 자아를 잃지 않으면서.

첫 돌이 지나면 내 일을 시작할 줄 알았고 아이는 세 살 되면 혼자 밥을 척척 먹고 자기 방에서 잠도 잘 거라 믿었다. 아이보다 부부 중심으로 가족이 돌아가리라 예상했다. 애초에 헌신하는 엄마, 희생하는 엄마는 나의 캐릭터가 아니었으므로. 아이에게 절절매지 않으면서도 여유롭고 따뜻하게 키우고 싶었다.

아이를 키우면서 나는 아이에게 헌신하고 희생하는 엄마도 아니었지만 나의 욕망을 적극적으로 챙기는 엄마도 아니었다. 집착하는 엄마도 아니었지만 느긋한 엄마도 아니었다. 그저 허덕이는 엄마였으며 무얼 어떻게 해야 하는지 판단조차 잘하지 못하는 엄마였다. 한마디로 이도 저도 아닌 그냥 엄마가 되었다.

10년 가까이 해 온 직장 생활과 전문성 있던 나의 일은 무용지물이었다. 내가 맞닥뜨린 엄마 세계는 짐작과 달랐다. '낳으면 절로 큰다'는 말은 사실이 아니었다. 먹이고 재우고 입히는 기초 돌봄 이외에도 많은 일을 해야 했다.

좋은 식재료로 정성 깃든 가정식 요리를 해 주고, 영상 보여 주기로 시간 때우지 말고 오감 놀이로 적절한 발달 자극을 주어야 했다. 낯가리고 소심한 아이가 되지 않도록 부지런히 데리고 다니기도 해야 했다. 아이가 떼쓰거나 투정 부릴 때도 화내지 않고 일관성 있는 훈육을 해 나갈 정도의 정신력도 유지해야 했다. 그 와중에 자식 새끼에게 밀려 찬밥 신세 되는 남편 기죽지 않게 적절한 관심과 칭찬도 쏟아내야 했다. 엄마 개인에게 부여된 첫 번째 과제는 뱃살 제거였다. 푸석한 맨얼굴, 떡진 머리, 추리닝 차림의 아줌마여서는 안 되었기에 나갈 때 눈썹이라도 그려야 했다. 복직할 직장이 없더라도 집에만 있을 수 없으니 할 수 있는 일도 찾아야만 했다.

그러나 나는 돌봄과 가사 노동에 소질도 자질도 재미도 보람도 발견하지 못한 시간을 무작정 흘려보냈다. 정성스럽게 이유식을 해 주다가도 아이가 잘 먹지 않으니 지쳐 갔고, 육아서를 탐독하다가도 현실 적용에서 난관에 부딪히며 책을 덮었다. 직장에 다니지도 않았으면서 아이와의 시간을 살뜰히 보내지도 못했다. 한때 나는 자신감 넘치고 매사 긍정적인 여성이었지만 육아와 살림 속에서 어느 것도 잘하지 못하면서 아무것도 하지 않으면서 엄마 세계의 루저가 된 기분이었다. 아이가 주는 찬란한 환희와 별도로 어느 날은 무료했고, 어느 날은 화가 잔뜩 나 있었고, 어느 날은 기진맥진했다.

어떻게 살아야 하는지 고민하는 사람이었던 나는, 아이를 키우면서 어떻게 키워야 하는지는 물론, 어떤 엄마가 되어야 하는지조차 고민하지 못했다. 가장 많이 한 고민은 오늘 반찬은 무얼 할지, 언제 아이가 잘지였다. 살아갈 땐 길지만 돌이키면 짧은 하루가 쌓여 갔고, 미래에 대한 암담함, 고립감이 뒤엉켰지만 어떻게 버텨 가야 할지 몰랐다. 아이의 말간 볼과 촉촉한 손바닥은 이제껏 느끼지 못한 기쁨을 주었으나 나는 자주 먼 곳을 바라봤다. 시간이 가기만을 기다렸으나 아이가 자라는 속도를 내가 따라가지 못할까 봐 불안했다. 나에겐 방법도 언어도 없었다. 내가 내뱉는 말들은 아이와 주고받는 유아어이거나 언어가 될 수 없는 하소연이었다.

삼 년이 흐르고서야 흐릿하던 불편함이 조금씩 명확해졌다. 육아는 아이 돌보기가 아닌 '과업'이었다. 육아는 이 시대의 다른 영역처럼 '성과'로 측정되었고 나도 모르게 그 안에 놓여졌다. 그래서 다들 잘하는 거 같은데 나는 왜 못하는지 스스로를 들볶았다.

아이들이 제각기이듯 엄마들도 모두 다르다는 걸, 그 당연함을 몰랐다. 엄마마다 처한 상황, 할 일의 양, 애씀의 정도가 다르기 때문에 누군가는 수월한 일이 누군가에겐 어려울 수 있음을 몰랐다.

육아는 각자의 능력이나 마음가짐만의 문제가 아니다. 아이와 엄마의 기질, 신체 나이와 체력, 가족들의 협조, 주변 사람들의 성향, 경제적 상황, 거주지의 환경과 사회의 복지 등 너무도 많은 조건이 작은 차이를 좌우한다. 온갖 상황들이 얽혀 하루하루의 육아가 만들어진다. 겉으론 비슷해 보이지만 저마다 놓인 각양각색의 상황을 직접 겪어 보지 않고서는 모른다. 나의 열패감은 여기에서 시작되었을 것이다. 스스로 작은 차이를 무시하면서, 또는 나의 조건들이 무시당하면서, 누군가가 세운 기준에 도달하기 위해 가랑이가 찢어지면서.

나의 탈출구는 글쓰기였다. 속에서 들끓는 말들을 언어로 정리하지 않고선 한 발을 내디딜 수 없었다. 어떤 엄마가 되고 싶은지, 아이에게 무엇을 해야 할지, 좋은 엄마란 무엇인지, 어떻게 아이를 키워야 할지가 아니라, 지금 내가 겪는 건 무엇인가를 썼다. 나에게 벌어지는 일을 기록했다. 세상을 다 가진 듯한 충만함에서 가슴 한켠 스산한 결핍감, 순식간에 달음질하는 격한 감정, 엄마도, 아내도, 여자도, 인간도 아닌 것같이 몇 개의 자아로 분화되는 분열, 아이에게 소리친 후 겪는 자기혐오, 아무에게도 말할 수 없지만 누구라도 들어 주기를 바라던 이야기를.

실타래를 풀어 갔다. 내 삶은 오롯이 나의 책임이겠지만 숱한 관계의 조합이었다. 아이, 남편, 엄마, 물건, 집, 사회적 환경 등이 얽히고설켜 나의 삶을 이루고 있음을 글을 쓰며 발견했다. 나를 방해하고 신경 쓰이게 하는 외부가 없고선 나 역시 존재하지 않음을 알게 되었다.

한 줄, 한 줄, 쓰고 고치기를 반복하며 나에게 벌어진 변화를 해명해 갔고, 나를 이루는 나 아닌 관계를 회피하지 않고 정면으로 대하려 했다. 쓰는 만큼 나를 둘러싼 조건을 바꾸려고 몸을 움직였다. 나를 옭아매던 엄마 노릇도 점점 가벼워졌다.

나를 구하기 위해 써 온 글은 이름 모를 독자들에게 닿았고, 읽어 주고 공명해 주는 누군가가 있다는 든든함이 다시 글을 쓰게 했다. 그리고 책까지 내게 되었다.

첫 번째 장, '육아의 기쁨과 슬픔'은 아이와 나의 관계이다. 나의 삶을 흔들어 놓은 작고 여린 생명체와 부대끼는 일상을 실었다. 두 번째 장, '가깝고 먼 가족'은 남편과 가사, 육아 분담을 하기 위한 혈투, 그리고 친정 엄마에 대한 애증을 썼다. 세 번째 장, '스타일 없는 라이프'는 주거와 물건에 대한 이야기다. 내가 발 딛고 서 있는 자리, 살갗에 날카롭게 와닿는 물리적 배치를 바꾸지 않고서는 개인의 삶은 변하지 않았다. 네 번째 장, '엄마지만 엄마가 아닌 채로'는 엄마가 되어 버린 후 맞닥뜨린 내면의 혼란, 엄마로만 살고 싶지 않은 분투, 돌봄이 내게 준 의미를 담았다. 다섯 번째 장, '내가 지금 서 있는 곳'에서는 엄마이자 여성으로서 사회에 서 있는 지형을 그려 본다. 내가 누구인지보다 내가 어디에 서 있는지 위치 파악을 하려 했다.

이렇게 쓰인 이 책에 육아 정보는 없다. 아이를 잘 키워 낸 엄마도, 전문직 여성도 아니며, 뚜렷한 활동을 하지도 않고, 소속도 정체성도 없이 돌봄의 시간을 보낸 사람의 기록이다. '뭐 하는 누구예요'라고 말할 수 있는 이름이 없는 내가 책을 써낼 자격이 있을까 많이 고민했다. 성과, 성취, 지위, 내세울 직업과 인정이 없다 해도 그 시간의 가치를 살려 내는 글, 삶의 면면을 들추고 질문하고 헤아리며 자신을 일으키는 글이 많아지면 좋겠다는 바람으로 용기 내어 책을 내놓는다.

삶이 내 마음대로 되지 않아 속상하고, 행복하고 싶지만 잡다한 일의 소용돌이에 휘말려 금세 지치고, 엄마됨과 육아를 위대한 일이라 찬양하는 목소리에 주눅이 든 누군가가 있다면 그곳에 닿길 바란다.

1장 육아의 기쁨과 슬픔

"아이가 우는 동안 나도 꺽꺽 울었다. 내가 한심해서. 내가 무서워서. 왜 잠도 마음대로 못 자는지. 이 지긋지긋함은 언제 끝나는지. 고작 몇 년이라고 못 참는지."

내 배 아파 낳았지만 너무나도 낯설었던 작은 생명체. 아이를 으스러지게 안고 싶은 격한 환희와 어금니 악무는 고행을 극과 극으로 오가던 24시간. 서로만을 마주 보며 좁은 집에서 벌이던 달콤 쌉싸름한 육아.

네 살 아이와의 평범한 하루

[AM 8:10]

평소보다 한 시간 일찍 일어난 아침, 아이는 모처럼 아빠와 마주쳤다. 이 기회를 놓칠 리 없다. 아침밥 먹을 때도 아빠가 자기 옆에 딱 붙어서 먹어야 한다며 시위하더니 아빠가 오자 정작 밥을 먹기는커녕 밥알만 셌다. 곰국에도 부들부들 고기가 없다며 못 먹겠단다. 벽시계를 초조하게 바라보던 아빠가 출근이 급해져 먼저 일어나자 아이의 동그란 눈에 눈물이 글썽인다.

"아빠랑 먹을 거야, 아빠랑 먹을 거야."

"아빠는 출근해야 해, 일하러 가야 하니까 엄마랑 먹자, 응?"

아빠 바짓가랑이 물고 늘어지면서 통곡하니 마음 약한 아빠는 다시 식탁에 앉았고 한 수저씩 아이에게 떠먹여 주었다. 한 입, 두 입 받아먹는가 싶더니, 먹다 말고 퉤, 뱉어 냈다. 잠깐 동안 흐르던 정적.

"여보, 그냥 출근해."

나는 비장한 목소리로 남편을 내보냈고 아이는 가혹한 이별 앞에 엎어져 울었다. 바나나우유로 협상해 보려 했지만 골든타임은 지나가 버렸다. 아이는 팔다리를 휘둘러 대며 바둥거렸고 녀석의 막무가내에 나도 소리를 지르고야 말았다.

"나보고 어떡하라고!"

둘 다 진정하고 났더니 어린이집 버스 오기 7분 전. 아이는 점퍼를 혼자 입겠다며 찡찡댔다. 마음이 급해진 나는 아이 팔 하나에만 소매를 꿴 채 밖으로 끌고 나왔다. 버스가 도착했고 아이 손을 잡으려는데 녀석이 갑자기 도망쳤다.

"시원아, 어디 가!"

데구르르 날렵하게 달리는 아이를 낚아챘다. 몸을 뻗대며 완강히 거부했지만 어쩔 도리가 없었다. 그렇게 보내 놓고 마음이 좋지 않아 선생님께 전화를 하니 버스에 타자마자 멀쩡해졌단다. 알 수 없는 네 살의 정신세계.

[PM 3:15]

17분 남았다. 평소엔 이미 간식과 저녁을 준비했을 텐데, 오늘은 물리 치료를 다녀오느라 늦었다. 빵과 바나나우유를 꺼내 두고 저녁거리를 고민하며 야채 칸을 뒤졌다. 다시마를 우려내고 양배추를 썰고 냄비에 된장을 풀고 재료를 넣고 전기레인지의 타이머를 맞춰 두었다. 어린이집 차량이 오기 3분 남았다.

머리는 산발이고 바람 부는 날씨에 반팔 차림으로 아이를 기다렸다. 노란 버스가 도착.

"우리 아기 왔어!"

볼에 입을 맞추었다.

"가방 이리 줘."

아이는 엄마 손을 뿌리쳤다. 날이 찼다.

"집으로 들어가자."

"싫어."

이리저리 꼬드겨 현관 진입까진 성공했는데, 신발도 벗지 않고 방 안으로 들어섰다. 쫓아가며 신발을 벗겨 냈고 벗은 신발을 현관에 갖다 놓고 온 사이, 녀석은 바나나우유를 빨대에 꽂겠다며 애를 쓰는데 손가락 힘이 약해 빨대만 맥없이 구겨졌다. 뜻대로 안 되니 바나나우유를 내동댕이치고 가방을 멘 채 바닥을 뒹굴었다.

"엄마가 도와줄까?"

스스로 하고 싶지만 뜻대로 안 되는 아이를 지켜보려면 굳건한 인내심이 필요하다.

"쉬 마려워."

쉴 틈 주지 않는 아이의 요구. 그 와중에도 양말을 꼭 벗어야 한다고 우긴다.

"그냥 싸자."

"싫어. 벗을 거야!"

오늘따라 바지는 왜 이리 안 내려가는지, 오줌이 새어 나왔다. 오줌 묻은 바지를 세면대로 가져가 헹구는 사이, 아이는 촉촉하고 동그란 엉덩이를 내놓고 온 집 안을 깡충깡충 돌아다녔다. 팬티와 바지를 꺼내 툭 던졌다.

"옷 입어, 혼자 입을 수 있지? 팬티 입고, 바지 입는 거야."

녀석은 팬티, 바지 하나씩 들어 보더니 바지 한 짝에 다리 두 개를 넣고 낑낑거렸다. 그렇게 두 다리가 좁은 바지폭에 끼여 빼지도 입지도 못하고 인어가 되어 버린 아이는 제 모습이 서러워 또다시 울었다.

[PM 4:35]

아이가 레고에 정신이 팔린 동안 저녁을 준비하려고 쌀을 씻었다. 아까 꺼내 둔 빵을 주방 구석에 가서 우적우적 삼켰다. 그러고 보니 점심도 먹지 않았다. 통통 걸어오는 아이 발걸음에 황급히 빵을 감추었는데, 녀석이 해맑게 웃는다. 혹시 빵 냄새 맡았나.

"치즈 주떼요."

낌새가 수상쩍었다.

"먹을 거야?"

가져가서 요리한단다. 왠지 불안하지만 치즈에 정신 팔리면 잠시 조용하겠지 싶어 꺼내 줬다. 좀 있다, 다 먹었다며 또 달랜다. 망설이다가 쥐여 주고 한숨 돌리며 타 놓고 못 마신 커피를 홀짝였다.

지나치게 조용해서 불안이 엄습할 즈음.

"엄마 이거 봐요!"

얼굴에 뿌듯함 가득한 아이가 내 손을 잡아끌고 갔다. 불안한 직감은 틀리지가 않지. 의자 방석에 치즈를 다 녹여 붙여 놨고 벽지에도 덕지덕지 발라 놨다.

"내가 요리해떠요!"

등줄기로 흘러내리는 식은땀과 새어 나오는 깊은 한숨.

[PM 6:05]

하루가 길다. 아직 6시.

똥 마렵다는 아이를 변기에 앉혀 줬다.

“나 책 읽어 줘.”

“다 싸면 읽어 줄게.”

“지금! 지금! 지금!”

신생아 땐 똥 냄새도 구수하더니 구역질 나서 못 맡겠다. 코를 막고 나와 주방에 가서 저녁 준비를 마저 했다. 한참 조용하길래 냉장고 문 열다 말고 화장실로 가 보니 두루마리 휴지가 몽땅 풀어져 있었다. 휴지는 잠깐 허공에 떠서 나풀대다가 젖은 바닥에 닿자마자 맥없이 구겨졌다. 아이는 두루마리를 거침없이 돌리며 휴지가 끝도 없이 풀리는 광경을 입을 헤 벌리고 보고 있었다.

똥꼬 닦자며 아이를 잡으려는데 날쌘 녀석은 내 손을 빠져나가 엄마를 화장실에 가두고 문을 닫아 버렸다. 재미있다며 문밖에서 까륵까륵 웃는다.

“너 엉덩이에 똥 묻었어! 문 열라고!”

아이는 온 힘을 다해 문을 밀었고 나는 회유 작전을 펼쳤다.

“쾅쾅, 쾅쾅, 제발 열어 주세요. 화장실 괴물이 나올 것 같아요!”

쉽게 식탁으로 오지 않는 아이. 식탁 위에 책을 네 권 쌓아 두고 밥 먹는 동안 읽어 줬다. 아이는 부지런히 끓인 된장국은 입도 대지 않고 생선구이만 먹는다. 그것도 하얀 살 말고 바삭한 껍질만 먹겠다는 독특한 미각의 소유자다. 배가 차니 혼자 놀이에 빠졌고, 나는 설거지를 했다. 부엌으로 와서 뭔가 빼 가는 거 같았는데, 흘깃 보고 만 건 나의 치명적 실수. 잠시 후,

"엄마 이거 봐!"

역시나 티 없이 밝은 표정. 자기가 한 짓이 뭔지 모르는 저 해맑은 영혼 앞에 나는 또 할 말을 잃었다.

"내가 커피 탔어, 마셔."

재활용 쓰레기통을 뒤져 찾아온 테이크아웃 커피 잔에 아메리카노가 더블 샷으로 내려져 있었다. 방 안은 향긋한 커피 냄새로 가득 찼고 온 바닥엔 원두 가루가 뿌려져 있었다. 수고하는 엄마에게 커피를 타 준 아이를 보며, 눈은 울고 입은 웃었다. 쓸어도 밀어도 닦아도 원두 가루는 며칠 동안 발바닥에 들러붙었다.

[PM 8:15]

"또 허리 아프네."

눕고 싶지만 감기약 먹이고, 양치시키고, 얼굴이랑 발도 씻겨야 하는 과제가 남아 있다. 그중 양치는 가장 어려운 관문이었다. 태블릿 피시를 켜 유튜브로 '캐리와 장난감 친구들'을 찾았지만 이런, 배터리가 충전되지 않았다.

"이거 배고파서 안 켜진대. 오늘은 그냥 치카치카 할까?"

동영상을 못 본다는 말에 아이의 입술이 튀어나왔다.

"오늘은 엄마가 너무 힘드니까, 그냥 이빨 닦자, 응?"

기다렸다는 듯이 울음을 터트렸다. 커지는 울음소리만큼 내 허리도 욱신거렸다. 도저히 남은 일과를 진행할 수 없었다.

남편에게 전화했다. 새벽에 들어올 걸 알면서도 나는 번번이 실망을 자초했다.

"오늘은 좀 일찍 와 주면 안 될까? 금요일인데? 나 너무 아프다."

예상 답변이 돌아왔다.

"안 된다는 거 알잖아. 지금 퇴근하면 주말에 또 출근해야 해."

두 달째 새벽 퇴근하는 남편에게 모진 말을 내뱉고 전화를 쾅 끊었다.

"당신은 내가 죽어도 일할 인간이야!"

화장실 앞에서 우는 아이를 두고 거실 바닥에 쓰러져 누웠다. 아이가 나를 찾으며 자지러졌지만 온몸에 힘이 빠져 눈을 감아 버렸다.

[PM 9:30]

아이는 책장에서 책을 다섯 권이나 꺼내 왔다.

"많이 많이 읽어 줘, 응?"

가져온 책 중 글밥이 많은 앤서니 브라운의 『고릴라』는 슬그머니 치우고 나머지를 건성으로 읽어 주었다. 대여섯 줄 되는 글을 한 줄로 압축하며 건조한 목소리로 읊조리니 아이가 금방 성을 냈다.

"그게 아니잖아! 예쁘게 읽으라고!"

"엄마도 피곤하고 너도 피곤하니까 빨리 자자? 응?"

책을 덮자마자 하나, 둘, 셋, 하고 냉큼 불을 껐다. 녀석도 피곤한지 평소 같으면 불 껐다고 한바탕 울었을 텐데 이날은 연신 하품을 했다. 그래도 금방 잠들지 않고 한참 동안 이불 위를 뒹굴거렸다. 그러더니 뜬금없이, "나는 엄마 좋아. 엄마 좋다. 엄마 좋다"라고 고백한다.

나는 까무룩 잠들 뻔하다 깨어났다. 몸을 일으켜 통통하고 말랑한 아이의 볼살을 어루만지며 잠긴 목소리로 속삭였다.

"엄마도 시원이를 사랑해, 하늘만큼 땅만큼 사랑해."

아이는 질세라 받아쳤다.

"나는 엄마를 헬리콥터만큼 사랑해."

아이의 고백을 모른 척할 수 없었다.

"엄마는 시원이를 우주만큼 사랑해."

녀석은 망설임 없이 말을 잇는다.

"나는 엄마를 케이크만큼 사랑해."

나도 따라 해 본다.

"엄마는 시원이를 사탕보다 더 사랑해."

"나는 엄마를 집만큼 많이 사랑해."

"나는 엄마를 할머니 집보다 더 많이 사랑해."

"나는 엄마를 자동차만큼 사랑해."

좋아하는 단어를 총동원한 엄청난 사랑 고백에 나는 어제도 오늘도 내일도 너에게 진다.

48시간의 프롤로그

툭 하고 터졌다. 줄줄 새어 나왔다. 직감으로 알 수 있었다. 양수였다. 산부인과 분만실에 전화를 했지만 아무도 받지 않았다. 가방을 챙겼다. 양수는 괄약근을 조여도 쏟아졌다. 흥건히 젖은 레깅스를 갈아입을 새 없이 만삭의 배를 부여잡으며, 밤 11시 30분, 산부인과로 출발했다. 예정일 2주 전이었다.

그날따라 산모가 많아 의료진이 부산했다. 가족 분만실에 누웠다. 간호사는 항생제 링거를 꽂아 주고, 질 속에 손을 넣어 남은 양수를 다 터트려 내보냈다. 진통이 없었는데, 무통 주사를 맞겠냐고 물어보길래 그러겠다고 했다. 척추에 주삿바늘이 들어갔다. 그 후로 여덟 시간, 아무 일도 일어나지 않았다. 남편은 소파에서 잠이 들었고, 나는 뜬눈으로 긴긴밤을 차가운 침대에 누워 보냈다. 진통 없이 아이를 낳는 건가. 이렇게 쉬운 거였어? 아침이 되어 간호사가 들어오더니, 자궁문이 전혀 벌어지지 않았다며 촉진제를 놓았다.

뼈와 관절이 싸하게 조이며 진통이 서서히 느껴졌고 곧이어 온몸이 갈리는 고통이 찾아왔다. 정신 잃지 않을 만큼 아프다 안 아프다를 반복했다. 주기적으로 고통이 잦아드는 구간이 휴식이었다. 이러다 죽는 거 아닐까 싶으면 멈췄고, 숨 좀 쉴까 싶으면 시작됐다.

"무통 주사 맞았는데 왜 이렇게 아픈 거예요!"

간호사에게 화를 냈다. 간호사는 주사액을 두 번 더 넣어줬다. 그래도 아팠다. 더 놔 달라고 말했다.

"이제 맞아도 소용없어요. 더 이상 안 아프게 할 수는 없어요."

이렇게 아픈데 일부러 안 맞는 경우도 있다고 한다. 출산의 고통을 조금 감소시키기 위해 무통 주사 맞는 걸 이기적이라고 말하는 사람들도 있었다. 그러면서 두통약은 왜 먹는 걸까. 온몸 찢어지는 출산의 고통을 모성으로 포장하는 말에 동의할 수 없었다. 현대 의학의 쾌거, 무통 주사는 축복이 맞다. 조금이라도 덜 아플 수 있다면 영혼이라도 팔겠다. 그러나 나는 무통이 안 먹힌 지독히 운 나쁜 케이스였다.

분만실에서 내 가랑이는 내 몸이 아니었다. 누구나 거리낌

없이 보고, 손을 넣어 휘젓고 갔다. 진통 간격이 빨라지고 자궁문이 크게 벌어지자 본격적으로 힘주기를 시작했다. 아기가 놀란다고 소리 지르지 말라고 해서 끙 소리 한 번 안 냈다.

"엄마가 연습을 많이 했네."

하지만 태아가 걸렸다. 간호사 네 명이 붙어 배를 있는 힘껏 누르며 태아를 밀어냈다.

출산을 안정되게 할 것으로 보였는지 간호사들은 나보다 급한 산모에게로 모두 갔다. 분만실엔 남편과 나 둘만 있었다. 무통 주사까지 다 빼 버린 상황, 침대 시트를 쥐어뜯으며 몸을 드릴 열 개로 뚫는 고통을 참아 냈다.

"애가, 애가, 나올 거 같아!"

남편이 서둘러 간호사들을 부르러 갔지만 정작 담당 의사가 오지 않았다. 간호사는 그사이 입구를 벌려 고정시켰고 아기 머리가 보인다고 했다. 의사가 달려왔다.

"회음부를 절개합니다."

진통의 고통에 비하자면 아무 느낌 없었다. 마지막 힘을 쥐어 짜내니 물컹한 게 쑥 빠졌다.

바들바들 떨며 악쓰는 핏덩이가 가슴 위에 올려졌다. 투명하고 작은 손으로 내 손가락 하나를 꽉 쥐었다.

"이게 뭐야."

형언할 수 없는 당혹스러움에 휩싸였다. 간호사는 유즙이 나온다며 아기에게 물려 보겠냐고 물어봤지만 난 무서웠다.

"데려가 주세요."

출산 직후 엄마의 심장 소리를 들려주며 젖 물리는 아름다운 광경은 없었다. 세상 떠나라 우는 저 새빨간 존재가 믿기지 않았고, 열 시간 넘게 배 아파 낳았지만 '내가 아이를 낳았다'는 실감이 나지 않았다. 나에게 무슨 일이 생긴 건가.

정신을 차리기도 전에 진통보다 더한 고통이 찾아왔다. 배 속의 장기들이 제자리를 찾아가야 한다며 무지막지하게 배를 눌러 댔다. 기절할 뻔했다. 그다음은 길고 긴 회음부 시술. 아이 나올 때 힘을 오래 줘서 많이 찢어졌다고 한다. 지루한 아픔이 끝없이 이어졌다. 나는 흐느끼며 울었다.

"언제 끝나요."

"아기를 생각하면서 참아 봐요."

아기 생각은 전혀 나지 않았다.

휠체어에 실려 나오며 밖에 계신 부모님과 눈을 마주쳤지만 한마디 나눌 힘이 없었다. 넋이 나간 채 입원실로 들어와 하의를 탈의한 채, 침대 위에 웅크려 누웠다. 얼음찜질을 댄 회음부는 후끈거리고, 잠은 오지 않았다. 양수가 터져 병원에 온 순간부터 지금까지가 영상처럼 되풀이됐다. 일어난 모든 일이 믿기지 않았다. 차라리 꿈이라면.

초여름, 에어컨도 켜지 않은 병실, 땀에 절은 몸. 참을 수 없어 샤워하러 들어갔다가 욕실 거울에 비친 몸을 보는데 눈물이 왈칵 쏟아졌다. 팡팡 발차기하던 생명을 품은 탱글탱글한 배는 사라졌고, 축 처진 바람 빠진 풍선이 있었다. 압도적인 상실감. 분명히 아기를 낳았는데 잃은 기분이 들었다.

남편은 가족, 친척, 친구, 동료들에게 연락을 했다.

"순산했습니다. 산모와 아기 모두 건강합니다."

축하 인사가 쏟아졌다.

몇 시간 후 간호사가 핏덩이를 데려와 첫 수유를 해 보라며 한 시간 동안 놔두고 갔다. 어떻게 하라는 건지 남편과 눈치만 봤다. 아기를 조심스럽게 안고 젖에 입을 대어 봤다.

"제대로 빠는 거야?"

"모르겠어."

가슴은 점점 부풀며 딱딱해졌고 불편한 가슴을 만지다 피멍이 생겼다. 신생아실에선 세 시간마다 호출이 왔다. 어기적거리는 발걸음으로 걸어가 엉거주춤 앉아 아랫배에 싸한 통증을 느끼며 젖을 물렸다. 신생아실 유리 너머로 보면 그저 신기했고, 품에 안으면 부서질라 절절맸다.

아이를 낳은 지 만 삼 년이 지났다. 잊은 줄 알았건만 생

를 바라봤고, 젖이 제대로 나오는지, 젖을 제대로 빠는지 신경이 곤두서 있었다.

수시로 안고 업어 주면서도 아기 살이 좋은 줄 몰랐다. 숨넘어가게 울고 뻗대고 치대고 떼쓰는 아이를 달래다 보면 진이 빠졌다. 아무리 안아도 잘 생각을 안 할 때면 작은 악마로 보였다.

아이가 자기표현이 늘면서부터였다. 아이를 만지고 아이가 만져 주는 게 좋아졌다. 나는 아이의 배나 엉덩이에 뿌우 하고 방귀 뽀뽀를 자주 해 주곤 했다. 그러던 어느 날 누워 있는 나에게 아이가 다가왔다. 옷을 겹겹이 들춰 뱃살을 찾아낸다. 그리고 뿌우 하고 내가 한 것처럼 방귀 뽀뽀를 해줬다. 간지럼 타며 웃는 엄마가 재미있는지 배 위에 침 범벅을 하며 뿌우 소리를 냈다. 잠자리에 들기 전 이마, 눈썹, 코, 목덜미, 손바닥, 발바닥에 뽀뽀 세례를 퍼붓고 간절한 목소리로 "엄마한테도 뽀뽀해 줘"라고 조르면 새침한 표정으로 다가와 쪽. 두근거렸다.

언젠가는 떼 부림 진상 모드가 발동되어 방바닥을 데굴데굴 굴러 댔고 나는 팔짱 끼고 의자에 앉아 '뚝!' 하고 호통을 쳤다. 아이는 얼굴이 시뻘게져 악쓰면서도 어서 엄마가 자기를 일으켜 안아 주기만을 바랐다. 엄마가 자기에게 오지 않자 바득바득 기어 와 의자 위로 발을 올리고 옷자락을 힘껏 쥐어 내 무릎에 기어이 앉았다. 온 팔을 벌려 나를 끌어안았다.

"엄마, 안아 줘. 안아 줘. 안아 줘. 안아 줘."

나는 팔을 풀지 않았다.

"그만 울어."

온 존재를 던지며 나에게 파고드는 아이. 엄마만이 내 세상의 전부. 어찌 엄마가 매정한 순간조차 이토록 엄마를 갈구할 수 있을까.

아이와 충만한 스킨십을 나누는 동안 남편과는 점점 멀어졌다. 하루 십 분 얼굴 보기도 힘들었던 그 사람은 아이에게 내어 주는 내 가슴을 보며 자기 거라고 입술을 내밀곤 했다. 밤중 수유 마치고 간신히 잠들었는데 새벽에 들어와 껴안으며 나를 깨웠다. 지금 내 모습이 안 보이나. 남편을 밀쳤다.

자기에게도 관심 가져 달라는 남편의 투정이 얄밉긴 해도 이해 못 하는 건 아니었다. 남편의 피곤한 얼굴에 연민이 생기지 않은 것도 아니었다. 그러나 아이와 온종일 씨름하던 내가 진실로 원한 건 남편과의 시간이었고 대화였고 자발적으로 해 주는 설거지였다.

남편에게 받지 못한 위로. 작디작은 아이가 그걸 줬다. 잠든 아이의 따끈하고 보드라운 숨결과 맞닿아 있을 때면 세상 근심이 절로 잊혔다.

지쳐 있던 저녁이었다.

"엄마 좀 안아 주라."

씩 웃으며 다가와 나를 꼭 끌어안아 준다. 내가 하듯이 머리를 쓸어 넘겨 주고 토닥토닥해 준다.

"볼에 뽀뽀해 줄게. 쪽."

몸이 아파 책 읽어 달라고 조르는 말을 외면하고 불을 껐다.

곤히 잠든 너. 새근새근 오르락내리락하는 작고 통통한 배에 손을 살며시 올리니 긴장이 풀린다. 오늘은 이렇게 자자. 달큼한 아이 냄새를 음미하며 잠들려는 찰나, 아이의 발이 내 콧잔등을 가격한다. 별이 핑그르르 돈다. 아까 좋다고 한 말 취소다. 아이가 침범 못 하도록 요 끝에 누워 등을 홱 돌리고 이불을 돌돌 말고 잠을 청했다.

모두 화려한데 나만 구질한 SNS 육아

인스타그램에 접속해 타임라인을 훑는다. 환하게 웃는 가족사진. 엄마는 새하얀 원피스, 한 듯 안 한 듯 꼼꼼하게 화장한 얼굴. 옆에 선 남편은 훤칠한 키에 말끔한 캐주얼 비즈니스룩. 네다섯 살로 보이는 여자아이는 겨울왕국 캐릭터 옷이 아닌 파스텔 톤 원피스를 입었다. 원색 장난감으로 점령되지 않은 널찍한 거실. 위엄 있는 가죽 소파, 찬란히 빛나는 저 조명은 명품이렷다.

다른 계정은 콘셉트가 킨포크. 소탈하지만 정교하게 정리된 주방, 수수한 꽃이 유리병에 해사하게 꽂혀 있고, 리넨 키친크로스 깔고 올린 그릇엔 오색 빛깔 요리가 담겨 있다. 직접 내린 커피, 사과가 새겨진 노트북, 까만 다이어리와 금빛 펜촉 만년필도 자주 보인다. 문득 내 노트북에 시선이

가고, 스페이스 바에 묻은 김치 국물을 침 묻혀 닦아 낸다.

조회 수 만이 넘는 동영상. 내 딸과 또래로 보이는 아이가 우리 아이 밥 양의 두세 배는 되는 양을 우적우적 먹는다. 혼자 젓가락질해 듬뿍 집어 올린 나물을 입 안 가득 넣고, 밥을 한 숟갈 가득 뜬다. 싹싹 비운 식판을 엄마에게 반납한다. 우리 애 같으면 몇 숟갈 먹다가 안 먹겠다 책 읽어라 난동 부렸을 텐데 엄마의 여유가 부럽다. 먹방 몇 개를 넋 놓고 봤다. 한숨 쉬고 닫는다. 오늘의 관음증 충족은 여기까지.

태아 초음파 사진을 SNS에 올리는 산모 친구들을 이해할 수 없었다. 그러나 내 몸속에도 작은 생명이 자라게 되자 새끼 에일리언이 똬리를 틀고 있는 듯한 거무튀튀 초음파 사진을 자랑하고 싶어 근질근질했다.

아기가 태어나자, 오물오물 젖 빨고, 궁둥이 실룩대며 기고, 시뻘게지며 울고, 얼굴에 덕지덕지 음식 묻히고, 응가 싼다고 힘주는 표정까지 무엇 하나 놓칠 수 없었다. 모조리 찍어 SNS에 올렸다. 오감 놀이를 하거나 이유식 만든 날엔 반드시 인증 숏을 남겼다.

미치도록 사랑스럽고 치명적으로 귀여운 이 존재를, 아이를 위해 이토록 노력하는 내 모습을 어찌 자랑하지 않을 수 있을까. 마음껏 과시하고 대놓고 칭찬받을 플랫폼이 필요했다.

페이스북은 오래도록 해 온 실시간 소셜 서비스였다. 아이를 낳지 않는 친구들, 연락하지는 않지만 서로의 삶을 염탐하는 전 직장 동료들이 포진해 있었다. 아기 사진을 지겨워하는 지인들의 눈총이 따가웠지만 참는 건 최대 이틀이었다. 누군가 어서 '좋아요' 누르기를 기다렸다. '많이 컸다!', '너 닮았다', '귀엽다!' 뻔한 답변이라도 뿌듯했다.

하지만 이내 시들해졌다. 아기 사진 보며 나누는 대화란 지극히 한정적. 육아의 고충과 고통을 호소해도 '동시간의' 고민을 나누기엔 한계가 있어, 아이 낳지 않은 사람들에겐 산후 우울증으로, 육아 선배들에겐 육아의 기쁨을 모르는 철없는 엄마로 비쳤다. 정성껏 남겨 주는 '원래 그렇다', '지나가면 다 해결된다'는 말도 공허한 위로로 들리던 시기였다.

시시하지만 심각한 육아 고민과 아이 자랑에 맞장구쳐 줄 동지들이 간절했던 나는 인스타그램의 #애스타그램(아기 사진에 붙이는 인스타그램 해시태그)을 선택했다. 종일 만나는 사람 없이 아이와 단둘이 있던 나날. '귀엽다, 공감 간다' 이런 말이라도 접하면 최소한 사무치게 외롭지는 않았다. 어딘가에 접속해 있다는 걸로도 허전함이 덜했다. 가상 세계에서라도 독박 육아는 면하고 싶었다.

그러나 곧 제약이 찾아왔다. 아이의 고집과 활동량이 느는 만큼 스마트폰을 자주 꺼낼 수 없어 '눈팅족'이 되어 갔다. 마침 비슷한 또래를 키우던 엄마들은 짐승의 시간을 지나 조금씩 자기 색깔을 드러냈다. 화면 가득 채우던 아기 사진에서 요리, 인테리어, 여행, 맛집, 생일 이벤트, 옷, 아이 교육 등으로 스펙트럼이 다양해졌다.

아가씨 적 몸매를 뽐내고, 곱게 화장하고, 원피스 입고, 거실엔 전집이 가득해 매일 열 권 넘는 책을 읽어 주고, 매끼 다른 반찬을 만들어 먹이고, 가족을 위해 풀코스 요리를 준비하고, 휴가 때면 어김없이 국내 호텔이나 해외 리조트에 가고, 애 키우는 가정답지 않게 집 안을 깔끔하게 정돈하고…….

따라 하고 싶었다. 흉내 내고 싶었다. 그러나 나의 허접한 스마트폰 카메라로는 어떻게 찍어도 촌스러웠다. 그러다 디지털카메라로 찍어 스마트폰으로 전송해 인스타그램에 올렸더니, 웬걸, 영화 스틸 컷처럼 그럴싸했다.

인스타그램의 비밀이 여기 있었다. 아웃포커싱을 하고, 화각을 넓히고, 따뜻하고 감성적인 느낌의 필터 처리를 하면 수북이 쌓인 설거지도 낭만적으로 보였다. 식탁 위에 김치 국물 자국이 있어도 괜찮다. 햇살 좋은 시간에 자연광을 이용해 '탑 뷰(top view)'로 그릇만 '크롭(crop)'해서 찍고 보정하면 그만이었다.

나는 집 안이 드러나지 않게 아이의 모습을 가급적 '클로즈업'해서 담기 시작했다. 어쩌다 리조트라도 가면 부러워하는 댓글과 '좋아요'를 기다리며 스마트폰을 손에서 놓지 못했다. 사실 어디를 가느냐는 그다지 중요치 않았다. 비일상적 풍경 안에 가족이 모두 웃고, 내 얼굴이 남편보다 작고, 뱃살만 티 나지 않으면 되었다.

'좋아요'와 '팔로우'가 늘어날수록 육아 성적이 좋아지는 착각에 빠지기도 했다. 아이의 그림이나 말솜씨에 칭찬이 더해지면 내가 잘 키운 것 같아 우쭐거렸다. 아이가 잘 먹는 사진 하나 올리고 나면 우리 아이는 '잘 먹는 아이'가 되고 나는 '밥 잘 해 먹이는 엄마'가 될 수 있었다. 그러나 나의 결핍은 채워지지 않았다. 아무리 사진을 보정하고 편집해도 풀리지 않는 의문이 있었다.

저 엄마는 언제 저렇게 갖춰 입나, 남편과는 싸우지도 않나, 화 한 번 내지 않나……. 아이는 언제 한글을 익혔나, 어떻게 매일 다른 곳을 다닐까, 저 아이는 매끼 저렇게 잘 먹나, 인스타그램의 정사각형 사진은 상상의 여지를 제한했다. 내 앞에 펼쳐진 구질구질한 파노라마 속에 있다가 말끔히 정돈된 프레임 안의 세계를 접하면 이질감이 느껴지곤 했다.

나도 물론 알고 있다. 편집되고 전시된 사진은 수천 겹의 시간 중 극히 일부분이다. 행복에 대한 기대치와 소소한 만족을 투영한 후, 각색되어 나타난 아주 작은 결과다. 기록해야겠다고 카메라를 든다면, 그 순간은 특별했기 때문이다.

종일 우울감에 휩싸였어도 따뜻한 차 한 잔 마시던 5분 동안 행복했다면, 사진을 찍어 올릴 수 있다. 보이기 위한 행복에 불과하더라도 그 순간만큼은 그 사람에게 진실이다. 일상의 어떤 면을 절단하고 보정하고 선별하는 과정 자체가 가치 기준이 담긴 관점이고 태도이고 취향이다. 삶을 기록하는 방식이다.

문제는 여기에 있다. 프레임 바깥의 너저분함을 알고 있다 해도 인스타그램을 보면 자꾸만 위축되고, 나의 일상이 가치 없게 느껴지곤 한다는 점이다. 조금 전까지 아이를 어린이집에 보내기 위해 쫓아다니며 소리 지르던 엄마라는 걸 싹 감추고, 집 치워 놓고 커피 마시고 책 읽는, 부지런하고 단정한 엄마로 연출 가능한 인스타그램의 세계. 너나없이 저마다 완벽한 엄마, 좋은 엄마임을 뽐내는 사이에서 무엇보다 나의 분열을 견딜 수 없었다. 누군가를 깎아내리고 싶어 삐죽삐죽 솟아나는 시기심도.

인스타그램이 기록하는 찬란한 순간은 그림자를 가린다.

글이 없는 사진들은 맥락을 절단한다. 거기엔 변명도 하소연도 이유도 통하지 않는다. 이미지에 대한 감상만 있다. 『엄마 같지 않은 엄마』에서 세라 터너는 *"남들은 다 완벽하게 육아를 해내는데 나만 형편없는 엄마라는 생각이 드는 건 다 SNS 영향 때문이다"* 라고 썼다.

다들 조금씩 흉도 보고, 하소연도 하고, 사이좋게 불행을 공유하면 전체의 행복 지수가 오히려 더 올라갈지 모르겠지만 인스타그램의 세계에선 가당치 않다. 작은 단점은 확대 해석될 테고 팔로워는 떨어져 나갈 것이다.

그럴듯한 글과 사진으로 타인에게 공감과 부러움을 받으려는 욕망, 집에서도 클릭 하나로 타인의 삶을 엿보고 싶은 욕망이 뒤엉킨 결합체. 완벽한 엄마, 완벽한 아이, 완벽한 남편이 있는 세상은 판타지처럼 매혹적이다. 꾸미고 싶어도 꾸밀 수 없는 일관된 태도와 시선은 부럽고 샘나며, 다듬고 매만진 순간을 그림처럼 박아 두고 싶다는 바람은 여전히 나를 들쑤신다. 그만해야지 하면서도 자꾸 접속한다. 마음이 불편하면서도 매혹되고, 자책과 열등을 느끼면서도 동경한다. 나도 모르게 찍고 편집해 또 올린다. SNS는 단순한 눈요기일까. 단순히 할 일이 없어서일까. 왜 아까운 시간을 허비할까.

다른 이유는 몰라도 SNS가 수시로 찾아오는 무료함, 지루함과 외로움, 관음증과 과시욕, 그리고 인정 욕구를 달래 주는 손쉽고 간편한 도구란 건 확실하다. 각자의 좁은 방에서.

내 아이의 식생활

밥 먹이기만 수월해도 육아가 편하겠다 싶었다. 세끼 밥 차리기도 수고로운데, 먹지 않겠다고 입 꾹 다문 아이와 씨름하고 나면, 내 밥 먹을 기운은커녕 입맛까지 잃었다. 올바른 식습관 잡기가 최대 과제였다. 식욕과 식탐이 왕성한 아이, 채소도 우적우적, 고기도 오물오물, 제자리에 앉아 싹싹 비우는 아이로 키우고 싶었다. 하지만 '키우고 싶었다'와 '키웠다'의 간극은 얼마나 크던가.

육아책에 나오는 대로 일과를 유지하려 했다. 수시로 젖 먹는 버릇도 들이지 않았고 이유식도 식단 짜 가며 정성껏 만들었다. 아이는 이유식을 잘 먹었고, 내 덕이라 자부했다. 8개월 무렵부턴 미국에서 수입된 신식 육아법인 '아이 주도 이유식'도 같이 했다. 부드럽게 익힌 식재료를 온몸으로 탐색하며 직접 먹게 하는 방법이었다.

아이는 생전 처음 접하는 온갖 경이로운 맛에 심취했고, 쪽쪽 빨았고, 꿀꺽꿀꺽 삼켰다. 숟가락질도 일찍부터 혼자 하겠다고 했다. 먹을 때마다 만지고 뒤적거리고 바르고 뒤집어썼다. 서너 살 될 때까지 떠먹여 주기 싫다면, 편식쟁이로 키우지 않으려면 이 저지레를 꾹 참아야 한단다.

몇 달이 지났다. 점차 이유식은 입도 대지 않았다. 냉장고에 들어갔다 나온 반찬도 한 입 먹고 뱉어 냈다. 주먹밥도 싫어하고 덮밥도 싫어했다. 나는 요리 안 하는 여자. 우리 집은 밥 먹는 사람 없는 집. 그래도 하루에 세 시간씩 주방에서 반찬을 만들었다. 그래 봤자 잘 먹는 건 김, 계란, 치즈였다. 반찬 주문도 해 보았지만 소용없었다.

잘 되면 내가 잘 키운 것이고 안 되면 기질 탓하는 나란 엄마. 아이의 까다로운 식성 때문이라며 슬그머니 책임을 돌렸다. 두 번 세 번 다시 차리는 엄마도 있겠지만 그러지 못했다. 울며 다리 속으로 파고드는 아이를 두고 밥할 시간이 없었다.

『아이가 나를 미치게 할 때』라는 책에서 저자인 에다 르샨은 어린아이들이 제자리에 앉아 먹는 건 애초에 매우 어려운 문제라고 말한다. 아이들은 몇 달에 걸쳐 부족한 영양소를 섭취해 가니 매끼 골고루 먹여야 한다는 부담에서도 벗어나란다. 자기 딸은 여덟 살까지 티브이를 보며 먹었다며 때가 되면 '배고파'를 입에 달고 살 거라며 위로한다.

될 대로 되라. 결국 나는 밥을 안 먹으면 간식으로 배를 채워 줬고, 의자를 이탈하면 쫓아다니며 먹였다. 식탁에 책, 장난감, 핸드폰을 올리고 정신 팔린 틈을 타서 입 안에 쑤셔 넣었다. 이렇게라도 먹는다면 다행이었다.

이리저리 휘둘렸다. 평균 체중으로 태어나 영유아 건강 검진에서 하위권 몸무게를 달성할 때면 몇 달간의 육아 성적표를 받는 것만 같아 마음이 무거웠다. 내 젖은 물젖인가. 이유식에 영양이 부족한가. 아기 엄마는 몸무게 몇백 그램에도 실망했다, 좋아했다를 반복하는 법. 젖먹이 때부터 성적순으로 배열하냐며 비웃었지만 통통한 상위권 아기들이 부러운 마음도 감출 수 없었다. 한 순갈이라도 더 먹여 더 키우고 싶었다. 먹이는 데 힘을 다 쓰고 나면 물 없이 고구마를 먹은 듯 속이 꽉 얹혔다. 도무지 이해할 수 없던 그런 엄마가 되었다. 겪어 보지 않고서는 알 수 없는 일이다.

모든 시련은 어린이집에 보낸 후 조금 나아졌다. 무엇보다 매끼 다르게 차려 주는 수고에서 벗어날 수 있었다. 저녁만 신경 써서 좋아하는 반찬을 한두 가지 만들었고, 아이도 활동량이 늘면서 허기가 지는지 먹는 양이 늘었다.

까다로운 입맛에 비해 편식이 덜하다는 건 다행이었다.

시금치나 브로콜리, 숙주, 콩나물 같은 채소를 비롯해 맵지 않은 김치나 동치미도 잘 먹는다. 숟가락질도 많이 능숙해졌다. 그러면 그렇지. 내 정성이 빛을 발했다. 하지만 지나고 보니 내가 잘해서가 아니었다. 반년 동안 난장판을 견디며 '혼자 먹기' 훈련을 시켰지만 적당한 때가 되어 자연스럽게 혼자 잘 먹는 아이들도 많았다.

이유식을 대충 했어도 가리지 않고 잘 먹는 아이들이나 엄마가 어떤 노력을 기울여도 편식하는 아이들을 보면 헷갈렸다. 좋은 식습관을 위한 엄마의 노력은 과연 절대적일까. 나의 노력은 때론 보람찼지만 때론 허무했다. 잘 먹는 아이로 키우고자 했던 나는 의문이 들었다.

'엄마의 정성으로 교정될 수 있다' 파와 '타고나는 것이다' 파가 있다. 전자는 어릴 적 뱃구레를 늘려 놓지 않으면 커서도 먹지 않을 거다, 세 살 식습관 여든 간다고 엄포를 놓고 후자는 때 되면 잘 먹으니 대충 먹여 키워도 된다고 한다. 두 의견 사이에서 갈팡질팡하던 나는 숟가락 들고 졸졸 따라다니다가도 단호한 엄마인 척 굶겨도 보고 그러다 맛난 게 있으면 흔들려 한 숟갈 떠 주기도 했다.

친정 엄마를 떠올려 본다. 엄마는 나와 내 동생을 키울 때 온갖 정성 들여가며 밥을 해 주셨다. 나는 주는 대로 잘 먹었지만 남동생은 엄마가 차려 놓은 산해진미를 마다하고 우유에 밥을 말아 먹곤 했다. 잘 먹던 나는 성인이 되어서 정작 맛 분간을 잘 못 하고 배만 부르면 만족한다. 가려 먹던 동생은 미식가가 되어 적게 먹어도 맛있게 먹으려 한다.

이것만 봐도 식습관을 공식화하긴 쉽지 않다. 엄마의 노력이 어디에서 어떻게 작동했는지 분간할 수 없고 우리가 무엇을 어떻게 타고났는지 역시 가려내기 어렵다. 노력 끝에 좋아질 수도 있고 시간이 해결해 줄 수도 있다. 아무것도 달라지지 않을 수도 있다. 어떻게 자랄지는 예측 불가다.

아이는 네 살이 되자 가려내던 당근을 보란 듯이 입에 넣었다. 비록 엄마에게 두 숟갈 덜어 주긴 해도 식판에 담긴 음식도 싹싹 긁어 먹는다. 그럼에도 어떨 땐 떠먹이기도 하고 사탕과 초콜릿으로 회유와 협박을 하기도 한다. 잘 먹고, 안 먹고를 반복한다. 이 정도면 평균이라며 안심한다. 순전히 내 기준이다. '다른 아이들도 다 이렇게 먹는다는데 뭐 어때'라며 마음의 중심을 잡는다. 숱한 시행착오 끝에, 식습관 잡기보다 정신 승리에 성공했다. 이 정도면 된다는 나의 최선을 찾았다.

잘 먹는 아이로 키우자는 목표를 덜어 냈다. 지금 채소 못 먹으면 커서 큰일 난다는 불확실한 미래에 대한 걱정은 접기로 하자. 어떻게 먹든 무엇을 먹든 힘이 덜 드는 방식을 택하기로 한다. 요리하느라 지치지 않기, 먹이느라 씨름하며

"엄마 쉬야 하잖아!"

아이를 방 안에 데려다주고 다시 나왔다.

"으아아아앙, 어음마, 어음마!"

"시원아, 엄마가 아프니까 오늘은 아빠랑 자자."

"엄마, 어음마, 어음마! 으아아아아앙!"

"아빠가 재워 줄게. 아빠랑 자자."

"엄마, 데려와아!", "엄마가 있어야 해. 엉엉엉엉!"

남편은 아이를 다독이고 나는 옆 방에서 울음소리가 줄어들 때를 기다렸다. 울음은 좀처럼 그치지 않았다. '제발, 제발, 나 좀 자게 해 줘.' 며칠째 수면 부족으로 나는 이미 제정신이 아니었다. 밖으로 나갔다. 아이도 나와 있었다. 나는 버럭버럭 소리를 질렀다.

"야! 좀 자라고!"

아이의 손목을 거세게 잡고 방으로 데려가 이불 위로 밀쳤다.

"자라, 좀 자!"

몇 시간 전, 자장가 부르며 새근거리는 숨소리와 달큰한 냄새에 취해 사랑을 속삭이던 나였다.

언제까지 볼모로 잡혀 불면의 밤을 보내야 하나. 언제쯤 아빠와의 잠자리에 익숙해지나. 하긴 아빠 얼굴 볼 시간도 없는데 아빠와 잠을 자겠나. 엄마 껌딱지가 되어 자다가도 손으로 이불을 훑으며 엄마 찾고, 없는 걸 확인하면 귀신같이 알고 나와 퍼런 조명 아래 섬뜩하게 서 있는 너.

"너 엄마한테 왜 그래! 엄마 아프다고 했잖아!"

남편에게 아이를 던지듯 맡기고 건넛방으로 와서 벽을 맨주먹으로 때렸다. 손이 얼얼할 정도로. 피멍 들 정도로. 그리고 머리를 벽에 박아 댔다. 애꿎은 베개를 쥐어뜯고 걷어차고 휘갈기고 패고 밟았다.

아이는 한 시간 가까이 울다가 잠들었다. 아이가 우는 동안 나도 꺽꺽 울었다. 내가 한심해서. 내가 무서워서. 왜 잠도 마음대로 못 자는지. 이 지긋지긋함은 언제 끝나는지. 고작 몇 년이라고 못 참는지.

화가 정수리까지 차오를 때마다 아이를 때리는 상상을 한다. 아이의 작은 머리 위로 손이 돌진하고 때리기 직전, 필름은 끊긴다. 아이의 귀싸대기를 후려치는 충동에 휩싸일 때마다 네 살 아이를 때려 죽였다는 부모들이 떠올랐다. 이 작은 것을 들어서 패대기쳤을까. 머리를 벽에 박았을까. 배를 걷어찼을까.

며칠 동안 피곤이 쌓이고 남편에게 맺힌 서운함까지 더해지면, 때마침 옆에서 떼쓰고 우는 아이는 감정의 쓰레기통이 되었다. "너 진짜 왜 그래?", "지긋지긋해.", "저리 가." 네가 내 말을 이해하지 못하길 바라며 아무 말이나 내뱉었다.

제어하지 못하고 쏟아 내는 화와 짜증을 힘들어서 정신이 나간 거라고 덮곤 했다. 나보다 약한 아이에게 쏟아 내는 폭력을 그런 식으로 무마했다. 아이가 내 말을 이해하지 못하기를 바라는 건 거짓말이고 사실 아이가 나에게 얼마나 영향을 받는지 잘 알기에 나는 아이에게 폭력성을 보였다. 너무도 약한 이 생명체를, 나에게 자기를 온전히 맡기는 이 아이를 손안에 움켜쥐고 싶었다. 아이에게 가할 수 있는 물리적 파괴력을 섬뜩하게 인지할 때마다 소스라치게 놀라면서도 상상은 계속되었고 건잡을 수 없는 죄의식에 휩싸였다. 그리고 다시 변명거리를 만들었다.

재울 때 계속 불을 켜려 하거나, 방금 전 우유 먹고 나서도 배고프다고 할 때, 쉬 마렵다, 똥 마렵다, 엉덩이가 가렵다, 똥꼬가 가렵다, 다리가 아프다, 덥다, 목마르다, 머리핀을 빼겠다, 바지를 벗겠다, 이불이 무겁다, 따끔따끔하다, 베개가 답답하다, 코가 막힌다, 무섭다, 인형을 가져와라, 이야기를 들려 달라, 책을 더 읽어라 등 30초마다 쉴 새 없이 나를 부릴 때, 나는 너무나 잠이 올 때, 한 시간 이상 부대낄 때마다 나는 내 안의 폭력성을 시험당했다.

"너 안 자면 엄마 나가 버린다?"

"안 돼! 나가지 마!"

"그니까 좀 자라고!"

이번엔 아이도 지지 않는다.

"나도 화낸다?"

엄마 말투 따라 한다. 아이는 거울이 되어 나를 비추고 제동을 건다. 무안해진 나는 조용히 한마디 보탠다.

"그니까 좀 자자."

결국 빵, 울음보가 터진 녀석, 그런데 30초도 지나지 않아 노래를 흥얼거린다. 인형 이름들을 하나씩 부르며 호출한다.

"멍멍이! 콩콩이! 곰도리! 아따! 토토! 모두 모두 안녕!"

엄마의 무차별 폭격 속에서도 여전히 밝고 뻔뻔하고 눈치 따위 보지 않고 보란 듯 대드는 너를 보며 가슴을 쓸었다. 아이를 마주 볼 수 없어 몸을 돌려 웅크렸다.

엄마가 살기 위해 어린이집에 보냈습니다

나의 딸은 '십팔 십팔' 한다는 십팔 개월을 시작으로 미운 두 살과 세 살을 거쳐 네 살이 됐다. 그동안 나도 단련되었는지 어지간한 떼 부림엔 눈 하나 깜짝 안 하게 됐다. 버럭하는 횟수가 줄고 달래는 솜씨가 늘어 뿌듯했다. 일주일간의 어린이집 방학을 가벼운 마음으로 맞이했다.

첫날 밤, 아이를 세 번이나 울렸다. 저녁이 되자 팔다리가 후들후들, 아이를 빨리 재우고 싶은 마음만 가득했다. 잠들지 않은 아이를 보니 조바심이 났다.

"너 왜 안 자는 거야! 빨리 자라고!"

참다 참다 소리 질렀다.

"으아아아앙!"

평소 9시에 자는 아이가 11시가 다 되어 겨우 잠들었다.

그러더니 아침 6시에 깨어났다.

삼 일째 되자 몸살 기운이 덮쳤다. 동트기 무섭게 일어난 아이를 두고 시체처럼 누워 있다가 남편 출근할 때 겨우 몸을 일으켜 믹스커피 두 잔을 타 마셨다. 그러면 그렇지. 할 만하긴 뭐가 할 만해. 바닥에 굴러다니는 먼지, 수북이 쌓여 쉰내 나는 빨래, 전날 밤 미처 다 하지 못한 설거지, 돌아서기만 해도 "놀아 줘!" 하고 달려드는 아이. 끼니때마다 벌이는 "안 먹어!" 전쟁까지. 남은 날을 어떻게 데리고 있는담.

단련되었다는 말 취소다. 내가 살 만해진 건 전적으로 아이가 어린이집에서 4시에 오기 때문이었다. 친구들과 놀다 6시쯤 저녁 먹고, 씻고, 놀고, 이빨 닦고, 8시부터 취침 준비. 아침 포함해서 3~4시간 안팎으로 단둘이 있다. 육아가 수월해진 건 아이와 일대일로 부대끼는 시간이 줄었기 때문이지 대단한 스킬 따위 있을 리가.

이런 생활에 무척 만족하지만 '무척'이라고 쓰면 안 될 것 같은 일말의 미안함이 있다. 엄마가 되어 아이를 종일 감당하지 못한다는 사실에 꾹꾹 눌러둔 죄책감이 슬그머니 올라온다. '아직 어린데', '편하려고 보내면서', '애착에 문제 생기면 어쩌려고' 같은.

출퇴근하는 직장도 없고, 돈벌이도 못 하던 시기에, 게다가 애가 둘이야, 셋이야, 아니면 둘째를 가졌어, 달랑 하나 키우면서도 나는 17개월 된 아이를 어린이집에 밀어 넣었다.

아이는 한시도 가만히 있지 못했다. 모든 서랍을 열고 변기에 코 박고, 손 넣고 휘젓고, 신발을 쪽쪽 빨아 댔다. '나가요 병'에 걸린 녀석과 한여름 텅 빈 놀이터에서 죽치고 아이가 낮잠 자는 사이 이유식까지 만들고 나면, 오후엔 서 있기도 힘들 정도로 두통이 밀려오고 다리가 후들거렸다. '아무리 힘들어도 3세까지 내 손으로 키우리라' 하는 신념을 갖출 만한 정신적, 육체적 체력이 나에겐 없었다. '오늘 저녁만 버티자'란 심정으로 하루하루 때우며 살았다.

몇 명 안 되던 육아 동지들도 하나둘 어린이집을 보냈다. 모두 나처럼 밤늦게 들어오는 남편을 두었고 근처에 가족, 친지 하나 없었다. 도우미를 부를까 고민하던 나에게 그 비용으로 어린이집에 보내라는 조언은 현실적이었다. 일주일에 한 번 도우미가 와도 한 달이면 20만 원이 넘었다. 양육비 지원금 15만 원(2015년 만 1세 기준/경기도)을 받지 않는 대신 무상 보육 지원이 되는 어린이집에 보내고, 그 시간에 집안일을 하는 편이 훨씬 효율적, 경제적이라는 계산을 마다할 이유가 없었다.

남편은 이해하지 못했다.

"우리 회사에서 아무도 어린이집 안 보내."

다 자기만큼 늦게 퇴근하는 남편을 두었지만 세 살, 네 살 되어도 집에 데리고 있다고 말했다. 차로 세 시간 거리에 사시는 부모님도 나를 나무랐다.

"말도 못 하는 애를 어떻게 남한테 맡기냐."

그렇지만 "내가 애 좀 봐줄게, 병원 좀 다녀와라" 같은 말을 해 준 사람은 아무도 없었다. 남편에겐 "엄마로서 내 능력이 이만큼이다"라고 말했고 부모님에겐 "올라와서 봐주실 거 아니면 나무라지 마세요"라고 대답했다.

메르스가 전국을 휩쓴 직후(2015년), 가을에 자리 난 곳이 여러 군데 있었고 가장 가까운 거리에 있는 가정 어린이집에 갔다. 아이는 담임 선생님을 처음 보자마자 안겼다. 넓고 쾌적한 환경, 많지 않은 아이들이 마음에 들었다. 천천히 적응해 갔지만 쉽지 않았다. 아이가 엄마와 떨어지기 싫어해서가 아니라 열 시까지 등원시키기가 난관이었다. 오전 낮잠을 자던 시기, 유모차 태워 가는 도중에 잠들어 버리곤 해서 못 간 적도 있었고 점심시간 다 되어 데려다준 적도 많았다. 겨우 점심 먹고 12시 반에 하원하는 패턴으로 정착했다.

그 시간을 어떻게든 알차게 보내고 싶었다. 일주일에 세 번은 아이를 맡기자마자 요가원으로 달려갔다. 잠이나 더 잘 걸 왜 그리 설쳐 댔는지 모르겠지만 뭐라도 보람찬 일을 하고 싶었다. 요가 하는 동안 긴장된 몸이 풀리며 방정맞게도 눈물이 났고 끝나면 꿈에서 깬 듯 정신 차리고 아이에게 달려갔다.

복병은 또 있었다. 어린이집에 다니자마자 콧물, 기침을 달고 살았다. 두 달째엔 입원까지 했다. 이렇게 자주 아플 줄은 몰랐고 계속 보내야 하나 고민했다. 아이가 아픈 게 내 탓 같았지만, 하루 한두 시간이라도 혼자 있는 시간이 절실했다. 그러지 않고선 24시간 풀 육아를 감당할 에너지를 충전할 수 없었다. 늘 지쳐 있는 채로 짜증 내고 혼내는 엄마보다, 조금이라도 활력 있는 엄마를 보여 줄 수 있는 유일한 방법이었다.

보육 정책이 바뀔 때마다 돈도 안 버는 주제에 어린이집 보내는 엄마들에 대한 비난이 쏟아진다. "전업주부인데 왜 어린이집에 보내느냐, 그런 엄마들 때문에 정작 일하는 엄마들이 아이를 못 맡긴다"라는 말을 듣곤 했다. 나는 아무 말도 할 수 없었다. 나야말로 어린이집 정원 축내는, 집에 있는 엄마였으니까. 밤낮없이 혼자 아이를 보는 게 어떤 건지 아느냐고, 병원 갈 시간조차 없어 진통제 먹어 가며 참는 게 뭔지 아느냐고, 한시도 가만히 있지 않는 아이를 상대하느라 기진맥진해 보았느냐고 묻고 싶었지만 참았다.

자기가 겪어 보지 않은 일에 대해 판단하는 건 쉽다. 어린이집에 보낸 후 다른 엄마들과 수시로 티타임 할 만큼 시간과 돈이 여유로운 엄마들이 얼마나 있나. 내 주변엔 한 명도 없었다. 겨우겨우 시간 맞춰 한 달에 한 번 만나 한풀이하고 점심에 혼자 라면 끓여 먹는데 질려 밖에 나가 밥을 사 먹었다. 그렇게 외출하고 오면 집 치우느라 똥줄 탄다. 이게 그렇게 한심해 보이느냐고 하면 안 되는 사치냐고 따지고 싶었지만 아무 말도 못 했다.

무상 보육은 보편적 복지의 일환이다. 선택적 복지가 아니므로 누구에게나 혜택이 주어진다. 무상 보육 때문에 어린이집 정원 부족이 생겼다면 공급을 늘리는 방향을 요구해야 한다. 애초에 제한 기준을 두는 방식도 있지만 정규직을 제외하곤 서류 증빙을 할 수 있는 일자리 자체가 극히 한정적이다. 전업주부처럼 보이지만 실제로 다양한 부업과 활동을 하는 많은 엄마들은 자신의 일을 재직 증명이나 고용 보험으로 증명할 수 없다. 차등 지원도 마찬가지이다. 월 천만 원 이상 버는 사업자라 해도 수입을 줄여 신고하면 그만이다. 선별은 애당초 불가능하다. 아무리 잘게 쪼개며 선별해도 잡히지 않는 사각지대가 있기에 '보편적 복지'를 하는 것이다. 준비가 덜 된 채 시행된 정책은 엄마들을 편 갈랐다.

가장 슬픈 일은, 엄마들끼리의 깎아내리기였다. '보내는 엄마와 그럼에도 보내지 않는 엄마' 사이의 간극은 하늘과 땅만큼 벌어졌다. 아이를 어린이집에 보내는 엄마는 안 보내는 엄마에게 아이 사회성을 걱정해야 한다고 말하고. 안 보내는 엄마는 보내는 엄마들에게 애착을 걱정하라 말한다.

좀 더 솔직하면 안 될까. 상대를 깎아내리며 입지의 우월함을 확보하기보다 보내는 이유 혹은 데리고 있는 이유로 '아이 핑계'를 대기보다 엄마 자신의 감정과 능력에 집중할 수 없을까. 나의 한계를 인정하면서 선택에 따른 보상과 기쁨, 때로는 포기한 바를 허심탄회하게 나눌 순 없을까. 그 사람과 비슷한 경험을 해 보지 않은 이상, 가치 판단은 좀 미뤄 두고 각자의 사정을 존중하길 바라는 건 무리인가.

아동발달 전문가 김수연 박사는 책 『엄마가 행복한 육아』에서 돌 이후부터 3세 이전의 아동은 엄마 혼자 키울 수 없는 존재라면서 단둘이 지내기보다 어린이집에 보내는 편이 아이 발달에 좋다고 말한다. 지금과 같은 핵가족 사회에선 어린이집이 대가족의 역할을 대신할 수 있다고 한다. 아장아장 걷는 아기를 어린이집에 보내 놓고 불편한 마음을 전문가의 권위를 빌어 다독여 보지만 나는 인정한다. 내가 살기 위해 아이를 어린이집에 보냈다. 다른 이유는 없었다. 그리고 아이도 살고 나도 살았다.

아이는 24개월이 넘으며 어린이집에서 낮잠을 자기 시작해서 오후 세 시에 데리러 갔다. 두세 시간 늘었다고 한결 여유로워졌다. 아이가 자고 일어나는 시간이 일정해졌고 식습관도 잡혀 혼자 밥을 비웠다. 어린이집에서 에너지를 방출하고 오니 집에 오면 덜 어질렀다. 나는 아이에게 조금 더 친절해졌고 저녁 반찬을 신경 써서 해 줬다.

적응했다는 건 어쩌면 나의 바람일지 모른다. 가끔 아이가 밥을 잘 안 먹는다거나 전에 없이 손가락을 입에 넣는 버릇이 생기면 어린이집 스트레스인가 싶어 가슴 철렁했다. 등원 차량에 태울 때마다 뉴스에서 접한 온갖 사고를 떠올리곤 했다. 어린이집에 쉽게 안심하는 엄마가 되고 싶지 않아 아이가 피곤해한다거나 감기 기운이 있으면 기꺼이 집에서 쉬게 했다. 아이를 위한 마음도 있지만 좋은 엄마로 보이고 싶어서였다.

하지만 식구들이 썰물처럼 빠져나간 텅 빈 집에 혼자 있을 땐 그렇게 개운할 수 없다. 분주하게 볼일 보다 보면 아이 생각은 까맣게 잊는다. 때론 혼자 있는 시간이 좋아 또 죄책감이 고개를 든다.

'워워. 진정하라고. 애 떼어 놓고 좋아하다니.'

정신 차리고 보면 아이가 집에 올 시간. 허둥지둥 간식 챙기고 저녁 준비한다. 2부를 위해 믹스커피 한 잔 타 마신다.

방학하고 오전 내내 병원놀이, 마트 놀이, 언니 아가 놀이까지 분야별 역할놀이를 네 번 이상 반복했고, '흰 눈이 기쁨 되는 날' 노래 들으며 같이 손 붙잡고 춤추기를 이십 분,

도 함께다. 너를 재운 후 먹을 테다. 그런데 왜 안 자냐고! 게다가 재우다가 같이 잠들 기세. 안 돼, 안 돼. 정신 줄 붙들어 맨다. 맥주와 곱창이 나를 기다린다!

한참이 지나니 아이 숨결이 규칙적으로 변했다. 기저귀 갈아 줘도 깨지 않을 정도면 됐다. 이불 사이에 코 박고 자는 걸 풀썩 들어 제 잠자리로 옮기고 베개를 잘 베어 줬다. 안 깬다. 재차 확인. 조심스레 일어났다.

지쳐 쓰러져 같이 잠들어 버리지 않는 한 보통은 아이 재우고 벌떡 일어난다. 건조한 방에 수건이라도 널고 기저귀라도 갈아 주고 물 한 잔 마시고, 못 씻은 발 씻고 옷 갈아입고 샤워하고 장난감을 치운다는 이유이지만 실은 혼자 마시는 시원한 맥주 한 잔, 그게 좋아서다.

부엌으로 가 어린이집 도시락을 가방에 챙겨 넣다가 슬그머니 냉장고를 열어 맥주를 꺼냈다. 맵고 기름진 음식도 필수 옵션. 낮 동안 못 채운 열량을 야밤에 몰아 채운다. 저녁을 걸렀느냐? 그럴 리가. 진작 먹었다. 하지만 유아 식단으로 구성된 저녁은 도무지 먹은 것 같지가 않다. 시뻘건 양념이 없으니까.

밤늦은 시각, 나만을 위한 심야 식당을 연다. 맵고 짜고 기름진 거라면 뭐든 좋다. 치킨을 시킬 때도 있지만 주로 집에 남은 식재료를 턴다. 단골 메뉴는 라면. 여기에 떡 사리를 추가하거나 찬밥을 만다. 만두나 소시지를 굽고 국수를 비비고 떡볶이를 하기도 한다. 파송송 김치전도 좋아한다. 이날처럼 곱창을 먹기도 한다. 깻잎 양배추 팍팍 넣어. 여기에 드라마도 추가한다. 시원한 맥주, 자극적인 음식, 잘생긴 남자 주인공, 쾌락 삼종 세트가 완성되었다. 오로지 나의 시간.

'나만의 시간' 이것이 뭐 대단한 거라고 잠을 포기하고 다음 날 체력을 포기하면서까지 챙기려고 하는지 나도 모르겠다. 늦게 자면 다음 날 또 후회할 텐데. 아침에 일어나 나의 시간을 갖는 것과 밤에 갖는 것은 참으로 다르다. 아침엔 맥주를 마실 수 없다. 또 밤에 마시는 맥주는 낮에 마시는 맥주와도 다르다. 낮에 마시는 맥주가 갈증 해소의 기능을 한다면, 밤에 마시는 맥주는 감정 해소의 기능을 한다.

모유 수유를 아이 첫돌쯤 끊었다. 임신 기간 포함 2년 가까이 알코올 섭취를 못 했기에 술 마시고 싶어 젖을 뗐다 해도 과언이 아니었다. 그 후로 맥주 마시기가 하루를 마감하는 의식이었다. 쌀이 떨어져도 태연했는데 맥주가 떨어지면 화가 나곤 했다.

더도 말고 덜도 말고 350ml 한 잔. 맥주 한 잔은 하루에 쌓인 스트레스를 쓸어내리는 가장 손쉬운 방법이었다. 유난히 아이와 부대낀 날, 버럭버럭 소리를 지른 날, 수북이 쌓여 보이는 이들도 언제 무너질지 모르는 채 가까스로 버티고 있을 뿐이다. 남편처럼.

"그렇게 일하면 누가 알아준대. 노예야, 노예."

야근하면 밤새라 하고 밤새우면 주말에 나오라 하는 게 회사가 사람 부리는 이치. 조직은 시키는 대로 묵묵히 일하는 직원들을 온 뼈가 바스러져라 쥐어 짜낸다. 월급이라는 쇠고랑을 채운 채.

야근하는 남편에게 바가지 긁는 아내가 되었다. 몰라서 긁는 게 아니라 너무 잘 알기에 긁는다.

"나도 더 심하게 일했어. 그래 봤자 남는 게 없어. 그렇게 헌신하다 헌신짝 된다고."

나도 새벽 퇴근이 일상화된 직종에서 일을 했다. 변화가 많고 불안정한 직종이었다. 정년 보장 같은 건 없다. 남편도 마찬가지. 이런 직종에선 회사 믿고 있다 토사구팽당하기 일쑤. 회사가 부리는 대로 온몸 바쳐 일하다가 무슨 꼴이 나는지 생생히 지켜봤다. 회사에게 뒤통수 맞지 않으려면 안위를 챙겨야 한다. 젖은 낙엽처럼 붙어 지내야 한다. 사방을 예의 주시해야 한다. 그러다 더 좋은 조건이 나타나면 냅다 갈아타기. 그래야 살아남는다.

그에게 회사를 옮기라고 수 없이 이야기했지만 마흔이 다 되어 가는 엔지니어를 받아 줄 곳이 없단다. 어디를 가나 이

보다 더하면 더했지 덜하진 않을 거라 한다. 이공계의 현실이란다. 결정적으로 알아볼 시간이 없다고 한다. 숨 쉴 구멍조차 틀어막고 딴 곳 못 보게 밀어붙이는 상황을 아니 할 말 없다. 그의 결론은 늘 같다. 이제 나아질 것이라고, 사람을 많이 뽑고 있다고, 조금만 견디자고 말한다.

"3년째 같은 말이야. 달라진 게 없어."

3년째이다. 어쩌다 늦은 밤 상봉할 땐 지쳐 있다. "피곤해, 내일 얘기해." 아침이면 바쁘다. "애 밥 차려야 하잖아." 서로 말 한마디 나누기 어렵다. 금요일 저녁쯤 되면 피곤과 섭섭함이 뒤죽박죽 섞여 차오른다. 그러고선 주말엔 싸운다. 한 주 동안 쌓인 앙금을 휘젓는다. 남편도 매일매일 간신히 버텨 내며 살고 있음을 알지만 내 마음도 감출 길 없다.

전엔 쏟아지는 집안일과 껌딱지 아이 때문에 남편 손이 절실했다. 아이가 세 돌이 되어 가며 살림도 육아도 조금 나아졌다. 아빠 없이 보내는 하루가 전처럼 다리 풀려 주저앉을 만큼 고되지 않다. 차라리 남편이 없는 편이 낫다. 남편이 아침에 있으면 아이는 아빠 출근길에 바짓가랑이를 물고 늘어진다. 그러다 기분이 상해 아침밥도 거부하고 삐져버린다. 달래 주는 건 오로지 내 몫. 아빠가 어쩌다 일찍 오는 날엔 더 놀겠다며 10시 넘어도 잠을 안 잔다. 그러니 차라리 일찍 가고 늦게 오는 편이 일과를 수월하게 진행하는

데 더 낫다. 나는 나대로 남편 밥 차릴 필요 없이 아이와 같은 밥을 대충 먹어 편하다. 남편이 반찬 없어 김이나 라면 찾는 모습을 보지 않아도 된다. 그는 집에서 밥 안 먹는 '영식이', 세끼 꼬박 차리는 '삼식이'보다야 백배 낫다.

그런데 속상하다. 서로 피곤에 찌들어 대화다운 대화조차 나누기 어려운 게 속상하다. 며칠 전부터 발목을 삐어 붕대를 감고 있지만 알아보지 못하는 게, 말할 시간도 없었다는 게 속상하다. 기껏 말을 꺼냈다가 싸움으로 번지곤 하는 게 속상하다. 남편이 늦는다고 하면 다들 남편 힘들겠다는 말만 하고 나보고 혼자 애 보느라 애쓴다는 말은 아무도 안 해 줘 속상하다. 주말이면 이미 지쳐 나들이조차 엄두 못 내는 게 속상하다. 밀린 집안일을 하느라 못 놀아 준 아이와 노느라 서로 눈 마주칠 시간이 없어 속상하다. 아침에 눈 뜨자마자 "아빠 보고 싶어"라고 말하는 아이를 보는 게 속상하다. 근처에 가까운 가족 하나 없이 둘이서만 보내는 날들이, 딸아이와 단둘이 먹는 적적한 저녁이 몇 년이나 더 될지 알 수 없어 속상하다. 집에 오면 멍하니 스마트폰만 보는 그의 얼굴이 속상하다. 방바닥에서 새우잠 청하는 굽은 등이 속상하다. 우리가 이렇게 늙어만 갈까, 겁이 난다.

예전에 잠만 자고 가는 남편에 대한 섭섭함을 그의 양말 빨지 않기로 보답했다. 그가 벗어 놓은 양말이 그리 꼴 보기 싫었다. 시커먼 성인 남자 양말만 쏙 빼고 빨래를 돌렸다. 하루는 그가 신을 양말이 없다고 했다. 나는 모른 척했다. 어떻게든 서랍을 뒤지고 뒤져 찾아서 신고 간 모양인데 나중에 보니 엄지발가락에 큰 구멍이 나 있었다. 이걸 신고 다녔냐고 물어보니 몰랐다고 한다.

내가 양말을 빨아 놓지 않자 그는 스스로 양말을 사 왔다. 봄이 되어 옷 정리를 하며 양말이 너무 많지 않냐고 물었다. 그는 말했다. "아니야 많은 거 아니야. 다 신을 거야." 한 달은 안 빨아 줘도 신을 서른 켤레 넘는 양말이 서랍에 있었다.

양말을 세탁기에 넣는다. 마른 양말을 접어 출근할 때 신기 좋게 현관 수납장에 두었다. 이거라도 해 주니 우리는 가족인가. '외벌이', '독박 육아'를 검색창에 입력해 본다. 다들 이렇게 산다고 한다. 남편은 없다 여기고 하숙생 하나 두었다 생각하란다. 방세 많이 내는 하숙생. 다른 건 더 기대할수록 괴로워진다고. 포기하면 그렇게 편하다고. 어차피 애 크고 손 덜 가면 남편 필요 없다고 한다. 돈이라도 벌어 오면 고맙다고 생각하란다.

내 남편은 회사 그만두라 말해도 묵묵히 다니는 새 나라 새 일꾼. 근면 성실로는 대통령 표창감. 엄마, 아빠, 자식 둘러앉아 알콩달콩 담소 나누며 밥 먹는 '식구'라는 가족은 동화 속에나 있나 보다. 그런 표상 때문에 결핍이 생기고 불만이 쌓이고 불화가 생긴다. 실제에 있지도 않은 이미지를 좇으며 기대하고 실망한다. 가족의 본보기를 새로 그리자. 월세 안 밀리고 양말은 빨래통에 잘 넣어 두는 근면 성실한 하숙생과 잔소리 없는 하숙집 아줌마라면 새로운 모범 답안급이다. 하숙집 아줌마의 미덕은 하숙생에게 통금 시간을 주지 않기. 열두 시가 넘어가는 시계를 본다. 출구 없는 그의 하루는 언제 끝날까.

20년 후엔 따로 삽시다

평생 이런 결혼 생활을 지속해야 하나 자신 없어지고 남편과 살아갈 앞날에 먹구름만 가득해 보일 때 나는 소설을 썼다. 소설 속에서 '영희'라는 주부로 분해서 일인칭으로는 차마 끝까지 하지 못한 상상의 나래를 마음껏 펼쳤다.

「20년 후 계획」

영희는 남편에게 통보했다. 이십 년 후에 집을 나가겠다고. 캐리어 하나 들고 살고 싶은 도시마다 살고 싶은 나라마다 돌아가며 살겠다고. 남편보고 따라다닐 생각일랑 말라 했다. 남편은 어이없어했다. 돈이 문제였다. 그거 할 돈은 있나고 물었다.

"내 돈 삼천만 원 있잖아. 결혼 전부터 세계 일주 가겠다고 모아 둔 돈."

남편은 영희를 한심하게 바라봤다.

"그건 진작에 다 썼잖아."

영희는 부인했다.

"아니야. 아직 있어."

"어디에 있단 거야."

"그거 내 퇴직금이었거든?"

영희는 알고 있었다. 돈은 분명 어딘가에 있음을, 있어야만 함을. 단지 용도가 바뀌어 지금은 세계 일주 비용이 아니라 집을 사고 차를 사기로 한 비용에 들어가 있을 뿐이었다. 20년 후엔 그 돈을 회수할 수 있으리라 믿었다. 그것도 이자 쳐서.

여행을 좋아하던 영희는 결혼 전에 세계 여행을 가지 않았음을 후회하곤 했다. 그 후로도 미련을 못 버려 신문 기사에 나오던 어느 부부처럼 회사 그만두고 부부끼리 여행을 떠나는 상상을 하곤 했지만, 결정적으로 영희의 남편은 여행을 좋아하지 않았다. 모험을 싫어했다. 왜 내 돈 내고 고생하냐고 했다. 남편 핑계 대긴 해도 영희 역시 애써 가진 안정된 삶을 버리고 싶진 않았다.

그렇게 한 해, 두 해가 지나고 아이가 태어났다. 영희는 아이를 데리고 여행하는 꿈을 꾸었다. 한 해, 두 해, 슬그머니 그 꿈도 접었다. '가족끼리 여행 다녀봤자 싸우기밖에 더하겠어? 돈만 돈대로 들 테고. 얘야 커서 자기가 돈 모아서 배낭여행 가면 되지, 뭣하러 내가 고생하며 데리고 다녀.' 영희는 혼자 갈 날을 기다렸다. 징글징글한 가족에게서 벗어나서.

"아무튼 나는 갈 거야. 오십 이후에 뭐하면서 돈 벌지도 다 생각해 뒀어. 자기 인생이나 걱정해. 내 생활비는 내가 벌 테니까. 절대 손 안 벌려."

영희는 자신했다. 미래 유망 직업을 가질 능력은 없어도 생활력은 강하다. 뭘 하면 최소한 품위는 유지하며 살지 틈만 나면 망상에 빠져 치밀하고 정교하게 계획을 세웠다. 계획 세우기, 실행력의 달인이 아니었던가. 아이가 커서 내 시간이 생기면 일도 하고 공부도 하면서 준비하기로 했다. 5년마다 한 가지씩 기술을 배워 두면 20년이면 네 가지는 되니 가능해 보였다. 완벽해.

오히려 남편이 걱정이었다. 이 사람이야말로 회사

밖에 나오면 아무 일도 할 줄 몰랐다. 그러나 이 남자 미래는 걱정하지 않기로 했다. 운이 좋아서 쉰 살까지 일할 수만 있다면 회사 노예로 살기가 가장 편한 사람. 하루 종일 텔레비전만 있으면 그저 행복한 사람. 그래. 그러라고 했다.

"여하튼 내 삼천만 원, 이십 년 후에 이자 붙여서 가져갈 거니까 그렇게 알아."

삼천만 원이라고 해 봤자, 가사 노동 월환산액이 삼백만 원이라는데, 다 합쳐도 1년 연봉도 안 되는 돈이다. 지난 몇 년간 무보수로 야근 수당도 휴일 수당도 없이 일해 왔는데 그 삼천만 원도 못 가져간단 말인가. 게다가 그 삼천만 원으로 말하자면 남편 월급에서 나온 돈도 아니고 영희가 10년간 뼈 빠지게 일했던 회사에서 받은 퇴직금 아니었던가. 퇴직금을 받으면서 영희는 통장을 따로 만들어 뒀다. "이거 우리 나중에 가족 여행에 쓰자." 하지만 돈의 목적은 잊혔고 그 삼천만 원은 어디론가 사라졌다.

영희는 결혼하며 남편과 모든 계좌를 공유했고 공인 인증서를 주고받았다. 통장을 합쳐야 돈이 빨리 모였기 때문에 니 돈 내 돈 구분 안 했다. 이제야 비자금을 만들어 두지 않음을 후회했다. 비자금 따위 없이 투명하게 가계를 운영한다며 '쿨한 척' 했는데, 순진하고 미련한 짓이었다.

영희는 비장의 카드를 꺼냈다.

"대신 당신 퇴직금은 당신이 다 가져. 그럼 됐지? 퇴직금으로 하고 싶은 거 다 해. 내가 절대 뭐 같이 하자고 안 할 거야. 나도 내 돈으로 하고 싶은 거 다 하면서 살 테니까. 우리 애는 스무 살 넘으면 독립시킬 거야. 그리고 우리 집은 '에어비앤비'에 내놓고 세를 받자고. 자기가 갈 데 없으면 작은 방에 살면서 집 관리해도 좋고."

"야, 누가 다 늙은 할배가 사는 집에 세 들어오냐."

남편은 영희 말에 기가 차다는 듯 쳐다봤다.

"그럼 자기도 나가든가."

영희는 어깨를 으쓱했다.

"미쳤어? 내 집 두고 왜 나가? 나는 내 딸 데리고 살 거야. 시집도 안 보낼 거야. 내가 데리고 살 거야!"

포부를 밝히고 나니 영희는 마음이 편해졌다. 남편을 개조시키고 말겠다는 투지를 버리고 평생을 부대끼고 살 생각도 포기하니 꽉 찼던 체증이 한결 덜어졌다. 일상생활을 함께하는 건 20년만으로도 충분하지 않은가. 육십 넘어서까지 "제발, 다 먹은 그릇 설거지통에 넣을 때 음식물은 버리고 물을 부어"라든가, "바닥에 옷 좀 늘어놓지 말아 줄래"라든가, "양말은 제대로 뒤집어서 빨래통에 넣어"라든가, "차 운전하고 내릴 때 쓰레기는 가지고 내려"라든가, "변기에 오줌 튀면 좀 닦고 나와", "똥 싸면 환풍기 좀 켜!"라든가, "내가 기침 심하게 하면 아이스크림은 사 오지 마"라든가 하는 요구를 일일이 하고 싶진 않았다.

목표가 생기니 희망을 품게 되고 지금의 포기가 조금은 덜 억울해졌다. 하지만 오십 대 중반의 모습을 감히 상상할 수 없었다. 이십 대에 10년 후, 이렇게 20년 후의 뜬구름 같은 계획을 세우며 스스로를 위로하는 주부가 되리라 상상하지 못했듯이.

영희는 잠자리에 누우며 가슴에 손을 포갰다. 모처럼 계획이 생겨 설렜다. 그런데 이상하게 눈시울이 뜨거워졌다. 기대나 희망, 기쁨, 설렘의 눈물은 아니었다. 자신에 대한 연민이었다. 신파다 신파. 웬 청승이라니. 영희는 고개를 옆으로 돌리고 베개를 감싸

안았다. 내일 아침엔 두부 넣은 된장국을 끓여야겠다고 생각했다.

남편과의 가사 분담 투쟁 기록 '우리 싸웁시다'

칭찬이라는 노동

"설거지를 해 주면 우쭈쭈, 반찬 투정 안 해도 우쭈쭈, 오늘 하루 수고했어 우쭈쭈, 도와줘서 고마워요. 우쭈쭈. 우쭈쭈, 우쭈쭈, 우쭈쭈 남편, 우쭈쭈, 우쭈쭈, 우리 남편 최고!"

인터넷 커뮤니티에서 봤던 글이다. "반찬 투정하는 남편 어떻게 하나요. 채소를 먹지 않아요." 댓글이 놀라웠다. "반찬 잘 먹을 때마다 폭풍 칭찬해 주세요.", "맛있게 먹어 줘서 고맙다고 말해 주세요." 남편이 아니라 아이들 밥투정이었나. 차려 준 수고에 대한 보답을 받지 못할망정 잘 먹으면 눈을 반짝이며 칭찬해 주라니. 반찬 투정한다는 남편도 놀라웠지만 성인에게 밥 먹이기 위해 노력하는 아내가 많아

놀랐다.

'칭찬 요법'은 밥상머리 교육으로 끝나지 않는다. 지겹지만 덮을 수 없는 영원한 주제, 가사 분담. 그 이야기를 꺼내야겠다. 도무지 스스로 하는 법 없고 시켜도 온갖 핑계로 미루고, 폭풍 잔소리 끝에서야 겨우 하는 남편과 집안일 함께하기. 나도 결혼 7년째 진행 중이다. 불같은 전쟁을 치르고 평화를 찾은 선배들은 여유로운 태도로 조언한다. "아이라고 생각하고 구체적으로 지시하세요. 할 때마다 칭찬해주세요." 그러다 보면 남편도 언젠가 변한단다. '언젠가'는 언제일까. 6년 차쯤 되었을 때 좌절했다.

아이 없던 맞벌이 시절엔 둘 다 집에서 잠만 자던 터라 청소할 일도 차려 먹을 음식도 적었다. 어쩌다 집안일을 할 때에도 우린 제법 평등한 부부였다. 남편이 청소기를 돌리면 나는 물걸레로 먼지를 닦고 내가 요리를 하면 그가 설거지를 했다. 내가 정리 정돈을 하면 그가 분리수거를 했다. 주말에 한 번만 하면 됐고, 방해하는 아이도 없었기에 빨리 마칠 수 있었다.

아이가 태어나면서 달라졌다. 집안일은 열 배쯤 늘었고, 쉴 새 없이 돌봐야 할 생명체가 생겼고 나는 집에 갇혔다. 열 가지 정도 되는 일을 예전엔 4대 6, 혹은 6대 4로 나눠 가며 했는데, 이제 백 가지로 불어난 일에서 내가 90가지 이상을 한다.

갓난아기를 키울 땐 먹이고 재우는 일과로도 온 힘이 빠지기 때문에 집 안을 돌아볼 시간도 체력도 남지 않는다. 그때 남편이 아기 기저귀를 갈거나 분리수거를 하거나 퇴근 후 방 정리만 해도 수월해진다. 이건 나홀로 육아를 하면서도 그도 아빠라는 걸 잊지 않게 할, 그리고 나의 섭섭함과 억울함을 덜어 줄 최소한의 장치였다. 그런데 그걸 못했다.

맞벌이 시절 재깍재깍 잘하던 그가 왜 사소한 몇 가지도 못하게 되었는지 왜 있는 반찬조차 못 꺼내 먹는 사람이 되었는지 할 일이 늘어나는 와중에 왜 도리어 퇴행했는지 알지 못한다. 내가 집에 있으므로 육아와 살림 모두 내 전담이란 건가.

내가 '전일제' 주부가 되었으니 더 많은 일을 할 수 있다. 그 점을 부인하지 않는다. 하지만 집은 누군가는 일만 하고 누군가는 쉬기만 하는 장소가 아니다. 한 명이 쉬기 위해선 한 명이 그만큼의 몫을 채워야 굴러가는 공간이 집이다. 집은 본디 일로 가득 차 있다. 간단하게는 요리, 설거지, 청소, 빨래지만, 청소만 해도 청소기 먼지통 비우기부터 문틀의 곰팡이 제거까지 손이 가는 일이고 주방이냐 현관이냐에 따라 해야 할 일이 수십 가지로 분화된다. 그 외에 각종 보수, 수리, 재고 파악, 장보기, 돈 관리, 아이 돌보기(여기에 포함된 자잘한 일이 60가지쯤), 가족 행사, 나들이나 휴가 준비 등. 돈도 받지 못하며 성취감도 매우 적은 반복적인 일이 끝없이 이어진다.

그런데 남편은 밖에서 일을 하니까 모든 감정, 육체노동에서 제외될 권리를 가진다면? 힘들게 일하고 들어온 남편에게 물 한 방울 묻히지 않는다는 내조의 여왕도 있지만 나는 그런 아내가 못 된다. 아니, 하고 싶지 않다.

집안일은 역할의 문제가 아니라 '예의'다. 같은 공간에서 공동생활을 하는 데 있어 가져야 할 최소한의 책임감이다. 하물며 먹고 난 컵은 씻어 두고 배가 고프면 무작정 기다리지 말고 뭐라도 차려야 한다. 양말을 뒤집어 아무 데나 벗어 던지지 않고 먹고 난 과자 봉지는 휴지통에 버리는 등 자기가 머물고 난 자리를 치우는 상식은 있어야 한다. 누군가 집에 있다는 이유만으로 혹은 여자, 아내, 엄마, 주부라는 이유로 다른 식구가 흘리는 온갖 부스러기를 군소리 없이 온종일 줍고 다녀야 할 의무는 없다.

나의 남편은 자타공인 가정적인 사람으로 대놓고 거절하거나 잔소리를 하거나 싸움을 걸지 않는다. 나를 어떻게든 '도와주고' 싶어 하고, 시키면 언제나 '하겠다'라고 말한다. (여기까지만 말해도 듣는 사람들은 남편을 성인군자 반열에 올려놓는다. 그런 훌륭한 남자 없다고 찬사가 쏟아진다.)

아이 보기만으로도 힘이 부치던 때, 잠깐 집에 있는 남편의 손이라도 절실했다. 내가 아이에게 젖을 먹이고 재우는 동안 거실 장난감 정리나 빨래 널기를 해 달라고 말하곤 했다. 남편은 말을 조용히 듣고 한 귀로 흘려버렸다. "알았어." 대답하고 깡그리 잊어버린다. 겨우 아이를 재우고 나와 보면 남편은 난장판 된 거실 구석에서 태평하게 스마트폰을 하고 있다. 왜 하지 않았는지 물으면 늘 대답은 같다.

"(지금 놀던 거 다 놀고 쉬는 거 다 쉰 후에) 하려고 했다."

"하려고 했는데 네가 또 시킨다. (그래서 하기 싫어졌다.)"

이런 식의 대화를 수백 번 했다. 어쩌다 설거지라도 하면 퇴근 후 집안일 도와주는 게 어디냐고, 대한민국 1% 남편이라며 복 받은 줄 알라 생색냈다.

나는 집요하다. 끈질긴 추궁 끝에 진심을 받아 냈다. "사실은 자꾸 잊어버리게 되네." 그러면서 꽤나 정중히 부탁한다. "할 때까지 계속 상기시켜 주면 안 될까." 합리적인 해결책으로 보인다. 아니나 다를까. 가사 분담을 위한 최선의 방법은 언제나 구체적으로 시키기, 꾸준히 시키기로 제시되지 않던가. 그런데 뜯어보면 불합리하다. 남편 입장에선 시킨 일만 하면 되니, 책임 회피 구실을 확보한다. 시키지 않았으니 하지 않았다고 말하면 그만이다.

남편이 일을 안 해도 남편 잘못이 아니라 제대로 시키지 않은 아내 잘못이다. 마감 시간은 물론, 해야 할 일도 매번 구체적으로 지시해야 한다. 그뿐인가. 기죽게 지적질해서도 안 되며 무조건 칭찬하고 감사해야 한다.

남편은 설거지를 마치면 눈을 반짝이며 으스댔다. 설거지를 마친 싱크대는 물난리가 났고, 물걸레질했다는데 먼지가 굴러다니고 욕실 청소했다는데 더 지저분하다. 나 눈 꾹 감고 "잘했다"라고 해야 하나. 반응이 시큰둥하면 남편은 고마워할 줄 모른다며 툴툴댔다.

밥 차려 줘 고맙다는 말을 들어도 부족할 판에 차려 준 밥 잘 먹어 줘 고마워해야 하고, 시킨 걸 잘 못해서 미안하다는 말 듣기는커녕 시킨 거라도 해 줘서 고맙다고 해야 한다니. 아내에겐 '시키는 노동', '칭찬 노동', 이중의 감정 노동을 부과한다. 못하면 아내 탓, 잘하면 남편 탓이다.

남편에게 말했다.

"각자 맡은 집안일을 하기로 했어. 나는 칭찬받지 못하는데 왜 자기는 할 때마다 우쭈쭈 칭찬을 해 줘야 해? 그건 애초에 자기 일로 여기지 않고, 선심으로 도와준다고 생각해서 아니야?"

흔히 말한다. 남자는 공감하고 배려하는 능력이 부족하다고. 현명하고 지혜로운 여자들이 잘 일러 주라고.

현명하고 지혜롭고 인내심 있던 나는 처음엔 다정하고 부드럽게 '부탁'하곤 했다. "내가 애 재우는 동안 설거지 좀 해 줄래?", "변기에 소변볼 땐 좀 안 튀게 해 줄래?", "여기 못 좀 박아 줄래?", "플라스틱 분리수거 좀 해 줄래?" 그는 언제나 "알았다"라고 대답했다. 그리고 아무것도 하지 않았다.

한 번, 두 번, 세 번……. 일곱 번 부탁해도 내 말을 무시한다. 슬슬 기분이 상한다. "좀 해 주면 안 돼?", "왜 안 했어?" 열 번 넘게 부탁해도 하지 않는 일이 수십 가지, 수백 번, 수개월, 수년간 쌓이다 보면 언성 높아진다. "내가 몇 번을 말해야 해?", "그거 하나 해 주기가 어려워?", "좀 알아서 하면 안 돼?" 상대는 대답한다. "왜 말을 그렇게 기분 나쁘게 해? 그러니 더 하기 싫잖아."

점잖은 권유와 부탁엔 듣는 척도 하지 않다 소리 질러야 반응이 옴을 알게 되면, 곧바로 잔소리로 쏘아붙여 말하게 된다. 그렇게 길들여진다. 누구는 분노가 쌓여 가고 누구는 편안하다. 누군 늘 나쁜 년이고, 누군 늘 착한 놈이다. 왈왈 짖어 대면 그때야 힐끗 보며 "왜 그렇게 소리 질러" 한마디 하면 그만이다.

나는 그가 회사에서도 이럴까 봐 우려되었다. 매일 반복하는 업무조차 날짜, 시간 정확히 일러 주고, 하나하나 확인받는 직원이면 잘리지는 않을까. 집에서의 무능력이 직장에서의 무능력으로 이어지지 않을까. 하나를 보면 열이 보인다고 하지 않았나! 그에게 진심 어린 걱정으로 물어봤다.

"혹시 회사에서도 이래?"

당신은 나의 아들이 아니다

남편은 회사에선 잘한다고 말했다. 회사 업무는 성격과 마감 시간이 명확하기에 하나씩 처리하면 되는데 집안일은 아니라고 한다. 눈에 보이지 않기 때문이란다. 매일 생활하는 공간인데 그럴 리가.

남편이 겪은 조직은 군대와 회사다. 두 조직이 유지되는 방식은 명령과 복종으로 맡은 일을 수행하지 못할 경우 처벌이 뒤따른다. 잠버릇이 고약했던 남편은 군대에서 흠씬 얻어맞은 후 차렷 자세로 자게 되었고 이갈이와 코골이도 하지 않았다고 했다. 그랬던 그가 결혼하고 7년간 코도 골고 이도 갈았다.

또 매일 새벽에 퇴근시키는 회사에 다니면서도 일을 못한다고 업계에서 찍힐까 봐 눈치껏 야근한다. 확실한 처벌과 불이익이 주어지는 곳에선 이토록 자발적이다.

남자는 눈치가 부족해 일을 찾아 하지 못하므로 매번 알려 주고 가르치고 대신 자존심 다치지 않게 달래 주고 칭찬하라고 조언한다. 생각해 보자. 원래 그렇다면 왜 회사에선 그러지 않는가? 어려운 회사 일도 잘하고 그 힘들다는 군대

생활도 했는데 왜 집에서 벌어지는 단순하고 반복적인 일엔 모른 척 눈 감을까. 다른 조직과 비교해 보니 알겠다. 자기 문제가 아니기 때문이다.

내가 하지 않아도 상관없고 하지 않아도 나에게 아무 일도 일어나지 않는다. 내가 버티면 누군가 한다. 그러니 자발적으로 하지 않고 시켜도 미루고 성내면 그제야 선심 쓰듯 한다. 책임질 필요 없고 잘할 욕심도 없으니 대충 한다. 설거지만 해도 행여 잘하면 더 시킬까, 마구 사방에 물을 튀겨 싱크대를 물바다로 만들어 버리는 저 필사적인 몸부림.

변기에 소변이 좀 튀어도 양말을 뒤집어 아무 데나 던져 놔도 먹던 과자 부스러기를 그대로 두어도 아내가 애 재우느라 진 빼는 동안 수북이 쌓인 설거지나 난장판 된 장난감을 모른 척해도 아무 일도 일어나지 않는다. 그깟 잔소리쯤이야 흘려들으면 그만. 얼차려 받을 일도 승진이나 연봉 불이익도, 아빠가 그것도 못 하냐는 사회적인 모욕도 없는데 왜 하겠나.

회사일과 집안일을 비교해 보자. 신입사원으로 입사하면 마케팅이건 기술개발이건 인사이건 주 업무 외에 회사 생활을 하기 위해 공통적으로 익혀 가야 할 기본적인 일이 있다. 이메일 작성하기, 보고서 쓰기, 프레젠테이션하기, 문서 프로그램 다루기, 복사하고 팩스 보내기, 회의록 작성하기, 자료 찾기, 책상 정리하기, 회의실 예약하기 등이다.

집에서도 공동생활을 위해 익혀 가야 할 집안일이 있다. 장난감 정리하기, 먹은 컵과 간식 접시 치우기, 쓰레기는 쓰레기통에 버리기, 이부자리 정리하기, 화장실에서 용변 보면 변기 물 내리기 등은 아이들도 익히는 기본 생활 습관이며 빨래 분류해서 세탁하기, 밥 짓기, 기초 요리하기, 자기 물건 정리하고 빨래 개기는 자립한 사람이라면 마땅히 익혀야 할 살림살이 기본 기술이다. 그런데 이런 사소하면서 기초적인 공동생활 업무조차 매번 일깨워야 했다.

집에서 남편과 부딪히는 문제는 신입사원이 한 달 안에 익힐 수 있는 업무를 3년 차 혹은 7년 차 된 대리나 과장에게 날마다 가르쳐 주는 번거로움과 비슷했다. "이메일 확인하세요"라고 말하고 "어떤 내용인지 읽었나요?"라고 확인하고, 업무 하나 끝낼 때마다 "아이고 잘했습니다! 과장님은 정말 최고예요!"라고 말해야 하는 것과 같았다.

그는 밥 지을 때마다 물 양을 물어봤다. 쌀 양의 1.5배인지, 2배인지 정확히 알려 주길 바랐다. 한번은 레인지에 아이 이유식을 데웠는데 글라스락의 플라스틱 뚜껑을 닫은 채 3분을 돌려 다 녹인 적도 있었다. 대변 보고 환풍기 틀라고, 더러워진 옷은 알아서 세탁 바구니에 넣어 달라고, 마신 컵은 싱크대 개수대에 갖다 놓으라고 수도 없이 말해야 했다.

어릴 때부터 집안일 하지 않고 컸다는 변명은 그만했으면. 나 역시 결혼 전까지 된장국도 못 끓이고 윗옷 하나 제대로 못 갰다. 신입사원이 기본 업무를 익혀 가듯 집에서도 배워 가는 거다. 열무김치를 맛있게 담근다거나 화초를 싱그럽게 가꾼다거나 유리창을 광나게 닦는 일은 모두가 잘하기 어렵지만 공동생활 5년, 10년이 되도록 밥물조차 맞추지 못하고 국 하나 못 끓이고 양말이나 셔츠 개기조차 못한다는 건 할 생각이 없다는 것. 일상의 무능력이다.

내가 누구보다 그렇게 살아왔기에 말할 수 있다. 엄마의 그림자가 보이지 않던 시간, 회사 일 한다며 방치했던 방. 나는 직장에서 돈을 벌고 있어도 누군가에게 집안일을 의존한, 자립하지 못한 성인이었다.

남편에 대한 분노는 엄마의 가사 노동을 모른 척하고 살아온 나에 대한 투사였을지도 모르겠다. 결혼을 하고 아이를 낳아 키우고서야 집 안에 할 일이 얼마나 많은지 알게 되었고 그때야 엄마의 자리가 보였다. 그리고 자리가 바뀌어 내가 외면해 온 문제를 남편이 외면할 뿐이었다. 자기 일이 아니라는 이유로, 누군가는 한다는 이유로.

집안일 무능력은 육아에 대한 무관심과도 이어졌다. 가사와 육아는 분리되지 않는다. 둘만 산다면 대충할 요리와 청소도 아이가 생기면 기하급수적으로 늘어나기에 집안일 분담은 언제나 육아를 포함하며 말해야 한다. 아이와 놀기만 이 육아 업무의 전부라고 생각한다면 오산. 양치시키기, 밥 먹이기, 간식 챙겨 주기, 목욕 후 화장실 정리도 포함이라고 말하고 싶다. 하지만 역시 자발적으로 하지 않고 시켜도 미루는 '집안일'이 되어 갔다.

그에게는 무엇보다 강력하면서도 정당한 방해물이 있었으니 바로 장시간 노동이었다. 그 한 방이 모든 것을 압도했다.

남편의 퇴근은 점점 늦어져 새벽 한두 시가 예삿일이 되었다. 아이를 키우기 위해 생활의 조정이 필요했으나 그는 묵묵히 회사 일에 열중할 뿐이었다. 같이 방법을 찾아보자며 수백 번 외쳤지만 꿈쩍도 하지 않았다.

남자가 아닌 여자라도 지속 가능했을까. 많은 엄마들이 온갖 눈총 보아 가며 퇴근하고 업무 형태를 조정하고 그마저도 불가능하면 직장을 그만둔다. 그러나 남자들이 그러면 낙오자 취급한다. '그깟 육아 때문에' 직장 일이 영향을 받는 건 있어서는 안 된다.

자식을 키워 내려면 부모 양쪽 모두 뼈를 깎아 내는 변화가 필요하지만 보통은 엄마에게만 부과된다. 더군다나 아내들은 남편을 지원한다.

『비혼입니다만, 그게 어쨌다구요?!』에서 우에노 지즈코는 이 점을 통렬하게 지적한다.

"현대의 여성들은 회사 돌아가는 상황을 잘 알기 때문에 남편을 '이해하고 동정하는 입장'을 취하게 됩니다. 남편이 루저가 되는 것을 허락할 수 없어, 결국 남편을 지원하는 쪽으로 돌아섭니다."

남편의 야근을 이해 못 해 바가지 긁는 한심한 여자가 되지 않으려고 혼자 버티지만, 오히려 악순환을 초래한다. 그리고 종국엔 포기한다. 월급 잘 갖다 주고 사고만 안 치면 된다고.

나도 그를 '하숙생'으로 여겨 돈이라도 가져다주는 데에 감사하려 했다. 남편과 아빠로서 다른 기대를 포기할까 생각했다. 하지만 그가 집에 부재하는 만큼 나 역시도 아이가 클 때까지 꼼짝없이 집에 매여 사는 수밖에 없었다. 무엇보다 서로를 포기한 채로 기대도 실망도 희망도 없이 얼굴 보며 살 자신이 없었다. 원망 없는 포기가 가능할까. 부처가 되어야 하지 않을까. 일본도 다르지 않았는지 우에노 지즈코는 다음과 같이 말한다.

"부부 생활을 유지할 수 있는 것은 사이가 좋기 때문이 아니에요. 관계를 포기한 부부가 부부 생활을 유지한다고 할 수 있어요. 정확히 말하면 관계를 포기한 여자와 관계에 둔감한 남자의 조합이 현재 부부 생활을 유지하는 원인이

라고 할 수 있겠네요."

포기한 채 어떻게 살 수 있을까? 방법이 있다. 남편을 '아들'로 삼는 거다. 많은 아내들이 남편을 '큰아들'로 지칭하며 어르고 달래고 가르치기를 받아들인다. 아내들에게 주어지는 최후의 생존 전략이자 지침이다. 이렇게라도 해야만 남편을 버리지 않고 살아갈 명분이 생기니까. 그러므로 모성은 자식에게만 해당되는 성질이 아니다. 남성을 보살필 의무를 지칭한다는 것을 '남편 큰아들 삼기'를 통해 절감했다.

남편도 아들 노릇을 자처한 때가 있었다. 몸서리쳤다. 나는 남편의 아내이지 엄마가 아니다. 남자아이가 아니라 성인 남자를 원한다. 자식은 하나로 족하다. 나의 돌봄은 아직 사람 구실 못 하는 네 살배기 딸아이를 위해서이지 마흔 다 된 남자에게 해당되지 않는다. 아직 못 자랐으면 어머니에게 가서 더 크고 오라고 말했다.

남편을 '아들 삼아라'라는 말엔 자식이 어떤 선택과 행동을 하든 지켜보는 수밖에 없다는 전제가 깔린다. 자식 이기는 부모 없고 자식은 부모의 희생과 헌신을 갚을 수도 없는데 이를 부부 사이에 대입한다는 건 뭘까. '남편도 자식 대하듯 그저 참고 받아들이고 인정해라'라는 소리는 부부란 동등한 노력을 기울여야 하는 성인의 관계임을 무시하는 말이다.

여성학자 정희진이 『페미니즘의 도전』에서 썼듯, 여성과 남성의 관계에서 여성이 관계 맺기의 노력을 포기하면 그 관계는 대체로 끝난다. 갈등을 해결하는 책임은 여성에게 부여된다.

내가 참고 노력하고 기다렸더니 남편이 달라졌다고 말하는 아내들도 있고 나도 그렇게 되고 싶었다. 그런데 우리 딸들은 어떡하나. 나는 딸에게 "네가 참고 살아야지", "잘 가르쳐서 데리고 살아", "시간이 지나면 나아질 거야"라고 말하고 싶지 않았다. 현재의 삶을 갉아먹게 하고 싶지 않다. 한쪽의 노력으로 관계가 유지되고 개선되는 한, 다른 한쪽은 결단코 스스로 변화를 겪어 내는 수고를 치르지 않을 것이니.

"남편들은 말을 해도 듣지 않습니다."

"아니, 아니에요. 말을 해서 듣게 하는 게 아니라……. 현실을 보게 한다는 건, 구석으로 몰아서 도망도 못 가고 숨을 쉴 수도 없는 상태로 해 놓고 대결해야 한다는 뜻이에요."

우에노 지즈코의 말마따나 나는 남편과 벼랑 끝에서 싸우기로 했다.

벼랑 끝에서 싸우기

차라리 처음부터 못 온다고 하지. 저녁 6시가 넘어 다시 물어봐서야 늦는다는 말이 돌아온다. 0.1%의 가능성에 기대를 건 내가 바보다. 시간 끌다 사람 실망시키는 패턴에 휘둘린다. 왜 망부석처럼 기다리는 사람이 됐나. 남편이 괘씸하고 내가 한심하다.

다들 이렇게 산다니 원래 이런 거려니 하고 살자. 너 없이도 딸이랑 나는 잘 산다. 애 다 키울 때까지만 참자. 수백 번 마음먹었다. 그런데 억울했다. 누구 좋으라고. 참고 살면 죽을 때까지 모르겠지. 나는 끝까지 묻고 가능한 한 싸우기로 했다. 그 없이 못 살아서가 아니다. 우리가 만들어 놓은 아이에 대해 아빠가 되라는 거, 우리가 이룬 가족이 가족답게 살기를 바라는 거다.

내가 더 힘들다고 불행 배틀을 하며 아이 앞에서 고래고래 소리 지르고 오만상 찌푸리는 날, 여기가 혹시 지옥인가 싶은 날. 평생 미워하거나, 참거나, 포기한 채 살아야 하나 덜컥 겁이 났다.

남편과 대화가 간절했지만 그는 새벽에나 들어왔고 회사에서 모든 에너지를 소진하고 집에 오면 흐물흐물해져 물 한 잔 떠 마시지도 못했고, 눈 마주칠 여유도 없었다. 주말엔 잠만 자거나 모임이 겹치면서 얘기할 시간이 없었다. 어쩌다 퇴근 후 마주 앉으면 눈을 감고 내 말을 듣지 않았다. 아이가 태어난 후 3년 넘게 이런 시간을 보냈다.

몇 년 전 남자 지인이 해 준 말이 떠올랐다. “강하게 나가

4)이직을 한다. 5)새로운 분야를 공부한다. 여러 가지 방법을 같이 따져 보았는데 1번을 제외하고 모두 안 되는 이유만 찾았다.

남편이 움직이지 않는다고 내가 대신 이력서를 써 주겠나. 함께 살기로 했으나 내가 해 줄 수 있는 건 그를 지지하고 나는 나대로 내 할 일 찾는 것뿐이었다. 나는 그가 어떤 선택을 하든 존중하고 나도 일을 찾아 돈을 벌면 된다고 말했지만 두렵긴 마찬가지였다. 남편에게 일의 형태를 바꾸라고 요구하는 만큼 나 역시도 짐을 져야 했다. 남편을 벼랑 끝에 세운 만큼 나도 벼랑 위에 서야 했다.

안정된 생활을 버리고 모험을 하자니 아찔했고, 철없는 투정을 부리는 걸까 갈팡질팡 확신이 없었다. 한쪽에선 일자리가 없어 난리, 한쪽에선 일하다 죽겠다고 난리. 요즘 같은 불경기에 직장 그만두고 재취업하지 못할 최악의 상황을 생각하면 지금 회사라도 꾸역꾸역 다니는 게 맞다. 그러나 지금 같은 과로를 이어 가면 병원 전전할 게 뻔하고, 운이 좋아 봤자 쉰 살까지 버티다 퇴직당할 것이다.

한편 그는 자신이 변화를 모색하는 게 얼마나 힘든지 토로했다. 남편이 처한 상황을 이해 못 하진 않지만 아이 낳고 경력이 끊겨 맨땅에서 시작해야 하는 내 앞에서 할 소리는 아니었다. 내 인생은 완벽하게 변해도 괜찮고 당신 인생은 변하면 안 되는 건가? 우린 같이 변해야만 한다.

매우 신중하고 보수적인 남편은 한 걸음 한 걸음 무겁고 천천히 내디뎌 갔다. '에잇, 더러워서 그만둬!' 하는 성격이 아닌 건 천만다행일지 몰라도 나는 내내 속 터져 죽는 줄 알았다. 그리고 반년 후, 그는 현실적인 해결책을 가져왔다.

회사 상사와 면담 끝에 부득이한 야근 대신 일주일에 한두 번은 야간 재택근무로 대체하겠다고 합의한 것이다. 야근을 성과 지표로 여기는 조직에서 장차 승진과 연봉에 불이익을 받을지 몰라도 같이 감내하기로 했다. 또 재충전을 위한 휴직을 하반기에 두세 달 내보겠다고 했다. 우리 삶이 크게 바뀔 수도 있고 아니면 지지부진한 협상을 밀고 당기며 최악만을 막으며 살아갈 수도 있지만 한 발짝 내딛기로 했다.

남편은 조금씩 그리고 확실히 달라졌다. 그동안 못 한 게 아니라 안 한 거다. 부탁하거나 잔소리하는 말은 먹히지 않았다. 내가 끝없이 요구할수록, 울먹거릴수록 남편은 귀를 막고 듣지 않았다. 구구절절 시키기보다 어쩔 수 없는 상황에 놓이니 그도 움직일 수밖에 없었다.

내가 수시로 아프면서 남편은 피할 수 없는 궁지로 종종 몰렸다. 어느 주말 아침. 몸을 꼼짝할 수 없어 두 눈 딱 감고 누워 있었다. 예전 남편이라면 두 시간이고 세 시간이고 내가 밥 차려 먹으라고 할 때까지 내가 일어나 밥 안칠 때까지 아이에게 물 한 모금 주지 않고 같이 쫄쫄 굶었을 거다. 그러나 닥치니 하게 되었다. 이제 알아서 밥 안치고 아이 반찬(비록 소시지볶음과 김자반이라도) 챙겨 준다. 일주일에 두 번은 정시 퇴근을 하려고 노력하고 집에서는 일일이 시키지 않아도 어질러진 레고 조각을 줍고 자기 옷도 직접 갠다.

저녁 8시 현관문이 열렸다. 아이는 발광하며 아빠에게 매달렸다. 소파와 티브이가 없는 우리 집에서 불행히도 남편이 도망칠 구석은 없다. 한 명이 아이를 씻기는 동안 한 명은 거실 장난감을 정리하고, 한 명이 아이에게 책을 읽어 주는 동안 한 명은 저녁 설거지를 여유롭게 마친다.

현대 사회에서 핵가족을 이루었고 그 작은 가족이 살아남아 가려면 남편과 아내 둘이 상호 협조해야 한다. 그러지 않고 한 사람의 희생을 통해 이루어 내는 수월함은 일시적이다. 같이 살기는 온갖 귀찮음과 번거로움을 함께 감당하는 일 아닐까.

우리 부부에게 닥친 문제를 속 시원히 해결한 건 아니다. 일시적인 휴전일지 몰라도 앞날에 드리운 컴컴하고 암담하던 안개는 조금 걷혔다. 곪아 가던 상처를 덮지 않고 드러내고 후벼 팠다. 고름은 아무리 아파도 짜내야 하는 거였다. 우린 또 부딪힐 테고 절망할 테고 상처 줄 테다. 하지만 힘이 닿는 한 포기하지 않고 싸우기로 한다. 아늑한 포기 속에 살기보다 팽팽한 불화를 견뎌 내며 살기로 한다. 원망하거나 후회하고 싶지 않기 때문이다.

아빠는 육아 중입니다

남편이 육아 휴직을 냈다

남편은 일주일에 두 번은 가족과 저녁 시간을 보내겠다고 약속했지만 한 달을 못 갔다. 프로젝트 막바지로 가며 새벽 퇴근, 주말 출근, 출장이 이어졌고 둘 다 너덜너덜해졌다. 그래도 버틸 수 있던 유일한 이유, 그가 휴직하겠다고 했기 때문이었다. 각고의 노력 끝에 찾은 답이었다. 가던 길을 멈추고 숨 고르며 다시 방향 설정할 기회를 가지겠다고 했다.

나는 '육아 휴직'이면 좋겠다고 말했다. 무급 휴직에 비해 적은 돈이라도 수당이 나와서만은 아니었고 육아 휴직의 가치 때문이었다. 일벌레로 사느라 가족과 멀어진 다른 동료들이 남편의 휴직에 영향받길 바랐다.

그는 휴직하겠다고 큰소리쳤지만 막상 실행하려니 불안해했다. 회사에 찍힐 테고, 낙오자가 될 테고, 복직 못 하면 나도 책임 분담을 각오하라 했다. 툭하면 "휴직하기로 했잖아!(뭐가 더 불만인데)"라는 말이 입버릇처럼 나왔다. 오로지 가족 때문에 억지로 하는 휴직인 듯, 방어적인 태도를 보였다.

남편 직장에선 남직원은 물론, 여직원도 육아 휴직을 낸 사례가 없다고 한다. 남직원이 95% 이상이고 출산한 기혼 여성도 매우 적지만, 연차 내기조차 어려운 회사이다. 이런 상황인데 무려 육아 휴직이라니. 게다가 그는 남이 가지 않는 길을 자처해 가는 사람이 아니다. 돌다리라도 두들겨 보고 웬만하면 건너지 말자는 것이 기본 삶의 태도다.

남편에게 육아 휴직은 엄청난 용기였다. 최선에 98%쯤 가까운 결정이었다. 하지만 나는 그가 주저앉을까 걱정이어서 매일 물었다. "회사에 말했어?" 대답은 늘 같았다. "기다려 봐." 자기를 믿지 못한다고 서운해했지만 10년을 함께한 우리는 딱 그만큼의 거리에 서 있었다. 나는 남편에 대한 신뢰가 무너졌고, 남편은 나에게 질렸다. 답답한 시간이 더디게 흘렀다. 남편이 휴직을 결심하기까지 반년, 회사에 말하기까지 한 달, 휴직 일자를 정하기까지 다시 한 달이 걸렸다. 나와 남편의 속도는 달랐다.

회사에선 의외로 쉽게 휴직을 받아 주었다. 여차하면 나를 팔라고 했지만 남편은 꾸준히 회사에 사정을 설명한 모양이었다. 또 팀원들이 돌아가며 두세 달씩 병가를 냈고, 누구 하나 과로사해도 이상하지 않은 상황 속에 집집마다 가정 파탄 일보 직전이었으니. 13년 차 경력자가 건강이나 가족 문제로 업무에 타격받으면 회사 입장에선 막심한 손해. 프로젝트 공백일 때 휴직하고 재충전해서 복귀하는 게 낫겠다고 판단했는지 남편은 휴직을 낼 수 있었다. 기간은 길지 않았다. 다음 프로젝트 들어가기 전까지 딱 두 달.

이렇게 육아 휴직을 시작했다.

남편이 육아 휴직을 내겠다고 하자 의외의 곳에서 우려의 목소리가 들렸다. 보수적인 친정 부모님은 왜 아이 아빠가 희생해야 하냐고 펄쩍 뛰셨다. 너 조금 편하자고 남편 인생 망칠 거냐며 복직 못 하는 거 아니냐며 걱정하셨다. 상사와 다 합의했고 기간도 길지 않다고 간신히 안심시켜 드렸다. 남편은 본가에 아예 말도 꺼내지 않았다.

두 번째, 주변 사람들이 남편의 '밥'을 걱정했다. 남편이 집에 있으면 세끼를 차려 줘야 할 텐데 할 수 있느냐 또는 남편이 세끼를 잘 챙겨 먹을지 염려해 줬다. 미리 실토하건대 휴직 동안 나는 남편에게 밥을 차려 주지 않았다. 남편이 잘 먹는지 못 먹는지 확인도 안 했다. 나는 오전에 나가서 저녁에 집에 들어가곤 했는데 아이를 굶기지는 않는 거 같았다. 마흔이 다 된 성인인 그가 자기 밥 하나 못 챙겨 먹을까 싶고, 내가 그걸 그렇게 신경 쓸 일인가 싶은 거다. 밥이 아니라 주전부리로 때웠다 해도 잔소리하기 싫었다.

세 번째는 돈이었다. 모아 둔 돈에서 까먹어야 했다. 육아 휴직 수당은 월 백만 원이 되지 않는다. 그래도 할 수 있던 이유는 서울과 가까웠던 신도시 라이프를 포기하고 경기도 변두리로 이사 온 덕에 무리한 대출금이 없고 보험료도 얼마 되지 않는 등, 고정 지출이 적기 때문이다. 그렇기에 휴직을 감행할 수 있었지 월급 외 수익이 있다거나 생활비 몇십 만 원으로 살아가는 짠순, 짠돌이어서가 아니었다. 당장 금전적 손해를 보더라도 남편의 육아 휴직이 월급 이상의 가치를 가질 거라 (매일 세뇌하며) 믿었다.

나는 벼르고 있었다. 휴직만 해 봐라. 독박 육아 삼 년 설움, 똑같이 갚아 줄 테다.

아침에 강제 기상, 감은 눈으로 주방 출근, 막막함으로 아침 차리고 안 먹겠다는 애 꼬시고 비타민이나 젤리로 협상하고 몇 수저 떠먹이고, 도망치는 아이 잡아 머리 빗겨 옷 입혀 신발 신겨 어린이집에 보내고, 늦으면 선생님에게 연락하고, 차로 데려다주고.

이부자리에 묻은 머리카락 떼고, 볕 좋으면 이불 말리고,

세탁하고, 청소기 돌리고 빨래 세탁기에 넣고, 다 되면 널고, 마른 건 개고, 다시 서랍을 찾아 넣고, 남은 찬밥 데워 점심 때우고, 장 볼 것 확인하고, 분리수거하고, 쓰레기봉투 묶어 문밖에 내놓고, 간식으로 빵 데우고, 무 썰고, 대파 다듬고, 아이 오면 간식 입에 넣어 주고, 놀이터와 동네를 돌고, 집에 오면 도망 다니는 애 붙잡아 손 씻기고, 보챔과 짜증을 감당하고, 타일러 저녁밥 먹이고, 설거지하고, 술래잡기하고, 색칠 놀이하고, 양치하러 30분 동안 쫓아다니고, 동영상 두 개 더 보여 달라는 걸 안 된다고 울리고, 피곤하고 졸리면서도 안 자려고 버티는 애를 이부자리까지 데려가고.

처음부터 다시 시작되는, 책 읽기와 용변 처리와 물 마시기와 옷 갈아입히기와……. 10초마다 쏟아지는 모든 것 말이다. 이왕 육아 휴직한 거 풀코스로 겪어 보기를 진심으로 바랐다. 에잇, 어린이집 안 다닐 때 휴직했어야 하는 건데.

독박 육아를 고스란히 겪게 하는 건 어려웠다. 육아 휴직 시작하고 며칠간, 남편이 못 미더웠던 나는 집 밖으로 나설 수 없었다. 아이는 엄마가 시야에 잡히는 한 껌딱지로 돌변해 잠들 때까지 붙어 있었고 그 와중에도 나는 집안일이 눈에 밟혀 방바닥 쓰레기를 주워 담았다. 남편은 그렇게 모른 척을 잘하던데 나는 그게 되지 않았다. 내가 집에 있는 한 집안일도 육아도 내 몸에 달라붙었다.

방법은 하나. 아침 일찍 나와 늦게 들어가는 수밖에 없었다. 매일 카페나 도서관으로 출근해 글을 썼고, 책 읽기 모임에도 나갔다. 세 식구가 이렇게 복작복작 보낼 날이 앞으로 또 있을까 싶으면서도 오붓한 가족의 초상보다 나의 자유가 절실했고, 시간 구애 없이 일에 몰두하고 싶었다. 지금 아니면 앞으로 20년간 못 할 수 있었다. 나는 굳게 마음먹고 일주일에 두 번은 밤 늦게 들어갔다.

그렇게 남편은 엄마이자 주부이자…… 그리고 아내가 되었다. 우리는 역할놀이를 시작했다.

집에 있으니 뭘 하는지 모르겠어

깨끗하고 산뜻하던 우리 집은 망가져 갔다. 음식물 쓰레기가 며칠째 쌓여 악취가 풍겼고 냉장고 식재료는 문드러졌다. 싱크대와 식탁엔 끈적이는 때가 찌들었다. 식탁 위의 깎아 둔 과일에선 곰팡이가 피었고 빨래도 쿼쿼하게 쉬었다. 매일 아침 양말 찾느라 온 집 안을 뒤졌고 샤워하고 나면 입을 팬티가 없었다. 아이는 머리가 헝클어지고 바람 부는 날에도 반팔 옷을 입고 알림장에 아무 기록도 못 한 채 어린이집에 갔다. 나의 빈자리는 금세 탄로 났다.

남편의 주특기는 테트리스였던 만큼 그는 성심성의껏 정리 정돈을 했다. 아이 책 사이엔 내 팬티와 티셔츠가 가지런

의 가치를 폄하하는 게 아니라 누군가 반드시 해야 하고 중요한 일이라 주장하면서도 왜 그만한 대우와 인정이 없고 오로지 '책임과 임무'만 강조하냐고 따지고 싶었다. 주부는 '역할'일 뿐 '직업'은 아니다. 보상 없는 역할 수행은 사람을 무기력하게 한다.

나는 뼛속까지 회사형 인간일까. 이건 남편도 마찬가지로 보였다.

전에 남편이 하던 육아란 가끔 아이와 블록 놀이를 하거나 용변 처리를 도와주는 정도였다. 그는 언제나 좋은 아빠였고 아이를 혼낸 적도 없다. 안아 달라 하면 안아 주고 목마 태워 달라 하면 번쩍 들어 태워 주었다. 콧대 높고 까다로운 공주님에게 벌벌 떠는 명실공히 딸 바보였다.

한편 나는 모든 악역을 맡았다. 아이가 세상에서 가장 싫어하는 먹기, 잠자기, 양치하기부터 "안 돼, 하지 마"도 내 담당이었다. 내가 아이를 혼낼 때마다 남편은 아직 어려서 그러는 건데 너무 과민 반응한다고 했다.

그러던 남편이 놀이 상대를 넘어 밥해 주고 먹이고 옷 입히고 약 먹이고 이 닦아 주는 주 양육자가 되었다. 남편은 아이 양치를 시키며 동영상을 보여 줄지 말지, 밥 먹기 전에 사탕 달라고 하면 주어야 할지 결정해 달라고 했지만 나는 과감하게 끊어 냈다. "그건 당신이 알아서 판단해 주세요."

그런 결정도 육아 노동의 일부란 걸 알아야 했다.

아이와 보내는 시간이 늘면서 그의 한숨도 늘어 갔다. “하아…….” 땅이 꺼질 기세의 한탄부터, “아아아악!” 절규까지.

저녁에 집에 들어갔더니 남편이 애절한 얼굴로 물어봤다.

“얘 원래부터 이렇게 말 안 들었어? 진짜 말 안 듣는다!”

아이와 놀기만 했을 땐 몰랐던 거다. 그러다 짜증 낼 때 달래기부터 도망 다니는 녀석을 잡아 한 입씩 떠먹이고, 가장 고난이도 과제인 양치질을 위한 협상과 타협, 협박을 구상하고 재우려고 방 불 끄면 다시 켜는 걸 열 번쯤 반복하는 실랑이를 견디고 완전히 곯아떨어지기 직전까지의 온갖 트집과 요구를 들어주며 이제야 어린아이라는 실체를 만난 거다.

남편은 평소에 화를 잘 내는 편이 아니며 인내심도 강하다. 어지간히 땀이 나도 입던 재킷 벗기가 귀찮아서 계속 입고 있고 어지간히 추워도 이불 꺼내기가 귀찮아 웅크리며 참고 자고 배가 고파도 차리기 귀찮아 두 끼쯤은 건너뛰는 대단한 참을성의 소유자다. 그런 남편도 요 네 살짜리 꼬맹이에게 매번 인내심을 시험당했다.

반면 나는 애가 울어도 떼를 써도 귀여워 보였다. 남편이 아이에게 시달리는 만큼 나는 아이가 뭘 해도 예뻤다. 남편에게 아이를 맡기고 늦게 들어온 날엔 특히 그랬다. 아이를 하루에 30분, 길어야 한 시간 볼 때 느끼던 아빠 마음, 어쩌다 보는 할머니 마음, 조카 보는 이모 삼촌 마음을 짐작할 수 있었다. 육아에 수반되는 극한 노동에서 산뜻이 제외되면서부터 뭐든 받아 줄 수 있는 관대하고 넉넉한 마음과 체력이 생겼다. 잘 준비 싹 마친 말간 볼을 한 아이와 만날 땐 내 남은 에너지를 어김없이 아이에게 쏟을 수 있었다.

남편이 또 비명을 지른다.

"와, 얘 진짜 말 안 듣는다!"

나는 차분하게 말해 줬다.

"몰랐어? 얘는 원래 말 안 들었어. 그리고 저 나이 땐 원래 그런 거야. 말을 잘 들으면 그게 애기야?"

나는 남편이 했던 말을 되돌려 주었다.

그렇게 아빠가 된다

결혼한 뒤 7년 동안 김치볶음밥밖에 할 줄 모르던 남편이 된장국을 끓였다. 감자와 양파가 듬뿍 들어간 된장국은 시원하고 구수했다. 자신감을 얻은 남편은 일주일에 세 번 이상 된장국을 식탁에 올렸다. 아이가 급기야 된장국에 물려 고개를 돌리자 콩나물국에 도전했다. 또 집에 하나밖에 없는 스테인리스 팬으로 계란프라이 태우지 않기부터 착실히 연습하더니 호박전도 노릇하게 부치고 돈가스도 바삭하게 튀겨 냈다.

매사에 대충인 나와 달리 남편은 매뉴얼에 충실했다. 인터넷에서 레시피를 찾아본 후 그대로 따라 했다. 물은 세 컵, 소금 반 스푼, 양파 한 줌. 5분 가열. 그래서인지 실패할 확률이 낮았다. 집안일을 할 때도 정해진 순서에 따라 착착 진행하고 할 일 마치면 시간이 남아도 더 이상 일을 찾아 하지 않았다.

계획이 있어도 계획대로 하지 않고 중간에 엄한 데 꽂혀 남은 시간 탕진하는 나와는 달랐다. 나는 시간표 준수하기가 가장 어려운데 그는 시간표대로 사는 게 가장 쉬웠다. 남편은 '집돌이'이기도 했다. 가끔 하는 컴퓨터 게임 외엔 취미도 없고 친구들 만나기도 술 마시기도 야외 활동이나 운동은 물론 여행도 즐기지 않는다.

'가사/육아 노동'의 반복적 특성에만 비추어 보면 남편이 나보다 잘 맞아 보였다. 그래서인지 남편은 종종 "주부 해도 잘하겠다"라고 자신했다. 내가 힘들게 해 온 일을 쉽게 말해 불쾌했지만 남편이 집에 있고 내가 일하면 어떨지 생각해 보았다. 그게 더 부부 평화를 위한 길은 아닐까 재어 보았다. 하지만 대차 대조표를 떠올리자 이내 마음이 접혔다. 한때 우린 비슷한 연봉을 받았지만 간극은 벌어졌고 이

보고 싶어 하지 않는 거라 단정했다. 회사에서는 밥도 생리 현상도 제때 해결할 수 있을 텐데 힘들어 봤자 못 자고 못 먹고 못 싸고 말 안 통하는 애와 씨름하는 나보다 더 힘드냐고 묻곤 했다.

"돈도 버는데 설거지까지 해 주잖아." 생색내는 남편이 얄미웠다. "야근 안 해 본 사람 어디 있어, 자기만 회사 다녀 본 줄 알아?" 남편이 나의 육아 전담을 당연시한 만큼 나도 남편의 수고를 알아주고 싶지 않았다. "나는 돈도 안 받고 수십 가지 일을 하는데?" 맞받아쳤다.

늦게 들어온 남편에게 싸늘하고 차가운 시선만 보냈다. "회사 일은 힘들지 않아. 집에서 이러는 게 더 힘들어." 나는 외면했다. 나 하나 추스르기도 벅찼으니까. 내가 아무리 힘들다 토로해도 남편 역시 내 말을 듣지 않았으니까. 나는 누가 먼저 베풀어 줘야 나도 꼬깃꼬깃 뭔가를 건네는 이해타산적 인간이었고 남편은 서툴렀다. 우리는 "내가 더 힘들어, 내가 더 고생해" 하며 끝없이 언쟁했다. 각자의 자리에서 홀로 싸웠다.

남편과 연애할 때 오래 냉전을 벌인 적이 있다. 이렇게 헤어지나 싶었을 때 남편이 말했다. "너만 상처받은 게 아니야." 나 혼자 싸운다고 생각했다. 그런데 그 사람도 상처받았음을 고백받자 얼어붙었던 마음이 녹았다. 나는 고작 이 정도였다. 나만 아플 수 없다고 너도 나만큼 아파야 한다며 기어코 할퀴고 상처를 두 눈으로 확인해야 직성 풀리는 사람.

상대를 이해하기. 과연 얼마나 가능할까. 내 처지가 나아진 후에야, 혼자 시간을 보내면서 숨을 고른 후에야, 나를 추스른 후에야 남편이 보였다. 하지만 이건 상대에 대한 아량이며 더 나은 상황에 있는 자가 베푸는 연민과 관용이다. 살 만해진 후 주변 돌아보는 여유에 불과했고 처지가 안 좋아지면 금세 잊혔다. 남편에게 관대해지려던 마음도 아이가 아프다거나 집안일이 쌓일 때면 쪼그라들었다.

이해는 감정의 아량이 아닌 몸이 겪어 내는 변화였다. 남편은 집에 감금되어 무릎 꿇어 가며 방을 치워 본 후에야 내가 버텨 온 시간을 조금 짐작할 수 있었고, 나도 불 꺼진 집을 밟아 본 후에야 남편의 외로움을 조금 헤아릴 수 있었다. 서로의 처지에 감정적 접근이 아닌 물리적 위치에 서 봐야 가까스로 이해의 경계에 가닿을 수 있었다. 겪어 보기 전까진 어리석게도 알 수 없었다.

아침, 이부자리에서 몸만 빠져나온 어떤 남자가 샤워 후 식탁 위에 차려진 음식을 먹고 차곡차곡 개켜진 옷을 꺼내 입고 출근한다. 저녁에 집에 오면 청소가 말끔히 된 거실에서 목욕까지 끝낸 졸음이 살짝 묻은 아이를 만나고 따뜻한

국과 함께 저녁을 먹는다. 아내가 아이 재우느라 진 빼는 동안에도 여유롭게 씻고 혼자 스마트폰 보다가 잠이 든다. 그 옆엔 남편이 집안일에 신경 쓰지 않고 직장 일에 집중할 수 있도록 헌신하는 아내가 있다. 어떤 아내들은 나보고도 그런 아내가 되라고 말했다.

나는 남편에게 그런 아내가 되기보다 나에게 아내가 생기는 놀라운 경험을 잠시 했다. 육아와 가사 노동에서 벗어나 아침, 저녁에만 잠깐씩 아이와 놀아 주니 무척 편했다. 정돈된 집에서 차려진 음식을 먹으니 환상적이었다. 일요일 저녁이면 혼자 싸우는 일주일이 시작된다는 무거운 압박감에 월요병을 미리 앓았는데 남편이 아내가 되어 주자 부담감에서 해방되었다. 아내가 있는 남편이라면 살 만하겠구나, 이런 아내를 얻을 수 있다면 왜 결혼 안 하겠나, 그런 생각이 들었다.

아내. 누군가에게는 더없이 보드라운 호칭일지 몰라도, 누군가에게는 노동자의 다른 이름.

『아내 가뭄』에서 애너벨 크랩은 아내를 *"집 안 여기저기 쌓여 가는 무급 노동을 하기 위해 유급 노동을 그만둔 사람"*이라 정의한다.

아내는 아이 돌보기와 요리, 집 안 청소부터 공과금 내기, 휴가지 예약까지 해 주는 사람이다. 일부 운 좋은 남편들은 아내 덕에 일에 집중하며 성과를 낼 수 있다. 애너벨 크랩에 따르면 아내는 엄청난 *"직업적 자산"*으로 *"남편들은 아내들이 직장 일을 하지 않음으로써 눈에 보이지 않는 파워 알약을 얻게 된다."*

나는 묻고 싶었다. 대체 누가 아내를 가질 권리가 있는가. 돈을 번다면 아내를 가질 수 있나. 누군가의 유급 노동 효율성을 위해 누군가의 무상 노동을 갈아 넣는 건 합당한가. 그게 맞다고 한다. 자본주의가 돌아가려면, 자본주의에서 살아남으려면. 그럼 나 역시 돈을 벌면 아내가 생길까? 아닐 것이다. 나에겐 추가의 무상 노동이 주어질 것이다.

『아내 가뭄』에서 쓰였듯이 지금 사회는 여성들이 노동 세계로 진입하는 만큼 *"남성들이 노동 세계에서 퇴각하지 않았고"*, 덕분에 일하는 여성들은 *"한 군데가 아니라 두 군데에서 자신을 혹사시키는 영광을 부여"*받았으니까. 그런 영광이라면 사양하기로.

누군가는 나에게 왜 그리 남편을 못살게 구느냐고 말한다. 아이와 보내야 하는 시간이, 성인으로서 자기 돌봄이 왜 '못살게 하는' 요구로 둔갑하는 걸까. 이는 육아라는 위대한 경험에 대한 모욕이며 남편을 성숙한 성인이 아니라 아이로 취급하며 무시하는 처사 아닌가. 나는 일생에 두 번 다시 겪을 수 없는 어린 자식과의 소중한 시간을 남편에게도 주고 싶다. 또한 남편을 성인으로 존중하고 싶다.

그렇기에 육아를 비롯한 가사 노동의 가치를 부여하려면 남성에게도 적극 권해야 한다. 후루이치 노리토시의 책 『아이는 국가가 키워라』와 같이 육아의 사회적 분담을 요구하는 목소리가 커지고 있다. 얼핏 들으면 매우 타당하지만 여성학자 정희진의 말대로 그 자체만으론 비현실적 주장이다. 왜냐하면 육아의 동반자 '남성 개인'에 대한 직접적 책임 요구를 여전히 빼놓기 때문이다. 답은 '남성 육아 휴직'일까.

문제는 따로 있다. 남성들이 육아 휴직을 써도 아이와 놀아 주는 데 그칠 뿐 여성에게 부과되는 육아와 집안일은 줄지 않는다고 한다. 제도적 요구와 동시에 각 가정에서의 전면 결투는 그래서 불가피하다.

선량하고 착실한 나의 남편도 성별 분업에서 자발적으로 빠져나오지 못했다. 사회학자 울리히 벡의 표현을 빌리자면, *"녹초가 되어 일하면서도 여자들이 압력을 가하기 전까지는 상황을 변화시킬 수 없는 내적인 동력이 없는 남자들"* 중 한 명이었다. 한때 내가 사랑했던 그의 성실함은 움직이지 않는 무거운 돌이 되었고, 나는 그 돌을 움직이기 위해 소리 지르고 닦달하고 애걸했다. 소용없었다. 결국 내가 육아와 가사 전부를 남편에게 위임한 후에야 내가 양손을 놓은 후에야 남편은 움직였다. 그의 '역할'이 되어야만 했다.

한겨레 칼럼에서(2016.10.14) 정희진은 다음과 같이 썼다.

"육아 역시 남성의 성 역할이 되어야 하며, 남성 역시 여성이 겪는 육아와 모성으로 인한 죄의식, 스트레스, 자기 분열, 커리어 포기 경험을 겪어야 한다."

남성이 육아를 자기 문제로 받아들이지 않는 한 아내는 남편의 육아 휴직 중에도 시키고 칭찬하고 확인하느라 진을 뺄 것이다. 국가 역시 남성 개개인이 움직이지 않는 한 꿈쩍도 하지 않을 것이다.

육아 휴직이 끝난 후에도 남편을 일찍 집으로 오게 하는 건 나의 요구가 아니었다. 눈에 밟히는 아이, 엄마로는 대체 불가능한 아빠라는 존재에 대한 스스로의 인식이었다. 아이와의 관계가 깊어질수록 남편은 아이와 충분한 시간을 보내 주지 못한다는 죄책감과 줄여 가는 근무 시간만큼 후퇴해 가는 자신의 커리어 사이에서 갈등했다. 육아는 '남편의 문제'가 되었다.

회사에서 남자, 여자 직원 통틀어 최초로 육아 휴직을 낸 남편. 회사로 돌아가 동료들에게 경험과 소감을 전해 주라 당부했지만 남편은 말할 수 없었다. 인사팀이 다음과 같은 전령을 내렸기 때문이다. "동료들에게 휴직이 육아 휴직임을 말하지 마라."

남편이 휴직한 후 아이를 돌본 건 공공연했지만 '제도'로 발설함은 또 달랐다. 남편이 속한 세상은 아직 여기까지만 허락했다. 아이와 부대끼며 집안일 하던 시간이 단지 이벤트로 끝나지 않고 몸으로 익힌 변화가 쉽게 사라지지 않도록 하는 건 이제 우리의 몫으로 남았다.

남편이 동료들과 주말에 보기로 했다고 한다. 남자 직원들과 각자 아이들을 데리고 말이다. 육아 휴직을 말하지 못해도 육아 휴직의 여파가 동료들을 감염시키고 있음을 적극 환영하며 우리 집을 내어 주기로 했다. 남편에게 중국집 전화번호를 전달하며 청소만 잘해 놓으라고 당부했다.

둘째 출산은 파업합니다

"둘째 소식 있어?"

아이가 두 돌이 지나자 귀에 못이 박히도록 들은 말이다. 둘째를 갖고 싶단 간절한 바람이나 계획은 없었지만, 1%의 가능성은 배제하지 않았다. "글쎄요. 생기면 낳고요." 어물쩍 웃으며 넘어갔다. 우리 아이와 동갑내기 친구들에게 슬슬 두 살 터울 동생이 생길 무렵, 심사 숙소 끝에 결단을 내렸다. 둘째는 없다.

둘 이상을 키운 분들에겐 나의 대답이 성에 차지 않는 모양이다. "둘째 안 낳으면 계속 놀아 줘야 해." 딸이 중학생 될 때까지 친구 노릇을 해 줘야 한다며 겁준다. "외롭잖아." 가뜩이나 아이와 잘 못 놀아 주는 엄마라는 혐의가 있는데, 찔린다. "남편이 둘째 원하지 않아?" 그가 원하면 내가 낳아 줘야 하나? "둘 중 하나의 생식기능이 끝나지 않는 한 아이는 생길 수 있어." 폐경 직전까지 묻겠다는 건가.

"하나도 진짜 힘들었다"라고 하면, "네가 너무 힘들여 키워 그런다"라고 말한다. "남편이 너무 늦게 온다, 둘 키우면서 독박 육아는 못 한다"라고 하면 주변에 도와줄 가족 하나 없어도 혼자 셋 키웠다고 말한다. "2년만 고생하면 그 뒤로는 신세계"라지만 그 2년간 10년 늙을 거 같은데. 다들 악의가 없다고 믿어 본다. 너도 당해 보라는 심보로 말하진 않았으리라. 둘 이상 키워 보니 결과적으로 더 좋았기 때문에 권하는 것이리라.

가장 얄미운 공모자는 남편이었다. 틈만 나면 둘째 타령을 했다. 친구들에게 둘째 소식이 연이어 들리자 언제 가지냐며 졸랐다. 한두 번은 농담처럼 됐다고 말하곤 했는데 반복되자 약이 올랐다. 집에서 잠만 자고 가면서 아이를 낳는 고통과 키우는 수고가 무언지도 모르면서 둘째라니.

곱게 거절하기로는 설득할 수 없었다. 그의 입에서 둘째 타령을 쏙 들어가게 할 방법을 찾아야 했다. 양육에 적극 참여시켰다. 아이가 열 나는 밤이면 그를 흔들어 깨웠고 내 몸이 좋지 않을 때면 그가 출근할 수 없을 정도로 드러누워 버렸다.

둘째를 원한다면, 조건을 충족시키라 했다. '육아 휴직 1

년 내고, 복직 후엔 매일 저녁 7시 전에 집에 올 것.' 그는 어느 것 하나 자신이 없었다. 그를 궁둥이 붙일 새 없이 부려먹은 결과, 이제는 누가 둘째 안 낳냐고 물어보면 사색이 되어 손사래 친다. "어우, 둘째 절대 없습니다." 돈은 두 번째 문제였다. 아빠로서 감당해야 할 육아의 짐, 그 역시 하나로 족하게 된 것이다.

나도 이왕 낳을 거면 둘, 셋이 좋다던 사람이었다. 형제, 자매, 남매끼리 서로 싸우고 의지하고 알콩달콩 지내는 모습이 보기 좋았다. 둘, 셋 키우는 엄마들, 하나 키울 때보단 힘들겠지만 든든해 보인다. 기쁨이 배가 되니 오죽할까.

아기 티를 벗고 어린이가 되어 가는 딸을 볼 때면, 젖내가 아득하게 느껴질 때면, 매일 친구를 찾는 아이를 볼 때면, 놀이 상대로 온종일 붙잡혀 탈진할 지경에 이를 때면, 남편과 내가 세상을 뜬 후 혼자 남을 자식을 상상할 때면 가끔 흔들린다. 그래도 어렵겠다.

독한 입덧과 능지처참 같던 출산은 눈 질끈 감고 다시 할 수 있어도 아이와 단둘이 보내야 했던 감옥 같던 날들은 겪고 싶지 않다. 근처에 부모님이라도 산다면 남편이 육아에 더 참여할 수 있다면 내 체력이 좋으면 달라질까?

덜컥 낳고 보니 내가 세상에 대해 몰라도 너무 몰랐다. 대기업 정규직 직장인이었던 나는 '헬조선'을 실감 못 했다. 개인의 노력과 능력, 의지로 이겨 낼 수 있을 거라 철없이 믿었다. '경력 단절 애 엄마'가 되고, 남편은 '돈 버는 노예'가 되어 새벽까지 일하며 저녁이 없는 삶을 살며 알았다. 모든 악조건을 이겨 내며 행복하게 키울 수도 있겠지만 나는 그러한 그릇이 못 된다는 것을.

아이를 갖지 않는 부부들의 결정이 용기로 와닿았다. 아이를 낳지 않으면 하자 있는 사람, 완성되지 않은 인생, 성숙하지 못한 어른으로 보는 시선에도 불구하고 자발적으로 아이를 낳지 않는 인생을 선택한 사람들. 보편을 따르지 않으면 손가락질당하는 사회에서 소신을 유지하기가 얼마나 어려운지. 가족, 친척들의 보이지 않는 압력과 결혼하면 당연히 아이를 낳는다는 통념을 받아들인 나는, 또 그저 남들처럼 살고 싶어서 아이를 낳아 버린 나는 뒤늦게 그들의 선택에 눈이 갔다.

자료를 찾다 월간 「노동리뷰」 2017년 12월 호에서 재미있는 분석을 보았다. 대한민국 저출생 원인은 가임기 여성수 감소, 비혼과 만혼, 최근에는 기혼 여성 중 무자녀 비율이 증가했기 때문인데, 결혼을 하지 않거나 자녀를 아예 낳지 않는 대신 자녀를 둘 이상 낳는 비중은 증가하고 있다고 한다. 일단 낳으면 최소 둘이라는 거다.

'외동, 둘째 고민'이란 키워드로 검색해 보면 글이 쏟아진다. 압도적으로 둘째를 낳으라고 권하고, 낳는 거로 결론 난다. 아예 안 낳거나. 아니면 둘, 셋 낳거나. 양극화(?)되는 출산 풍토에서 달랑 자식 하나는 어정쩡해 보인다. 둘까지 낳은 엄마들이 '숙제를 다한 기분'이라고 한 말의 의미를 알 것 같다.

세상은 자식이 없어도 후회할 거라지만 자식이 하나만 있어도 후회할 거란다. 외동은 어떤 점에서 부족하고 무엇이 문제인지 낱낱이 지적한다. 어떤 선택을 하든 감당해야 할 몫이 있음에도 다른 선택을 깎아내린다. 4인 가족 이상이 완성된 형태이고 외동은 결핍으로 보는 시선이 끈질기게 따라온다. 둘째 안 낳기도 쉽지 않은 세상이다.

출산은 기혼 여성의 임무가 아니며 선택이 되었다. 여성의 몸이 출산을 위해 설계되었다는 당연함도 무너졌다. 출산은 여성 스스로가 자기 몸의 결정권을 갖고 해야 하는 일이다. 남편이 아이를 원해서 부모가 손자를 원해서 사람들이 나를 질타해서 아이를 억지로 가질 순 없다. 왜 그들의 바람을 내 몸을 통해 실현해 줘야 하는가. 하지만 세상은 여자의 몸에 간섭하고 참견한다. 마치 '공공재'라도 된다는 듯.

저출생으로 나라가 존폐 위기에 처한다고? 책 『비혼입니다만, 그게 어쨌다구요?!』에선 여자들이 아이를 낳지 않아 손해 보는 건 재계밖에 없다고 말한다. 인구가 감소하고 생

안 되었고 생활비와 월세를 빼면 학자금을 갚을 수 없었다. 새벽마다 이력서를 쓴 끝에 신입 공채 사원으로 재취업에 성공했고 몇 년 안에 학자금을 모두 갚았다. 부지런히 돈을 모았고 결혼하면서는 부모님에게 받은 원룸 보증금을 모두 돌려 드렸다. 엄마는 안 줘도 된다고 하셨지만 나는 되돌려 드리고 싶었다.

남편과 나는 일하며 모아 둔 돈으로 전셋집을 얻었고 오 년 후 부모님 도움 없이 경기도에 집을 마련했다. 어엿한 성인으로 부모에게 손 벌리지 않는 자식으로 컸는데, 엄마는 왠지 기뻐 보이지 않았다.

오히려 엄마는 친구 자식들의 바람직한 사례를 늘어놓곤 하셨다. 일명 '엄친아'들. 영어 강사였는데 부모 말 듣고 교대 다시 가서 선생이 되었고, 나라에서 주는 돈으로 연수까지 다녀왔다더라. 아들이 사귀던 여자애가 마음에 안 들었는데 다리를 다쳐 그 참에 파혼시켰다더라. 뒤 집 아들이 결혼했는데 무리해서라도 집을 사 줬더니 소원 푼 것 같다더라. 엄마가 그런 말을 할 때마다 대꾸했다.

"엄마 그래서 부러워? 그렇게 부모가 결정해 주는 대로 살면 나중에 꼭 부모 원망하더라."

엄마는 말했다.

"너는 그렇게 잘나서 아빠가 가라는 교대 안 가고 네 맘

대로 대학 갔냐? 전공 바꿀 때도 너는 혼자 다 결정하고 나중에 통보했어. 또 남들이 못 들어가 안달인 회사, 너 잘나서 부모한테 상의 한마디 안 하고 그만뒀냐? 그렇게 잘나서 일 안 하고 집에 있냐. 난 이 서방이 집에 못 들어오니까 너랑 시원이 전주로 데리고 오려 했는데 그새 집을 계약했더라. 너는 언제나 그래. 네가 언제 상의하고 결정했냐. 너는 엄마를 아주 무시해."

내 인생이었으니까. 결정도 선택도 내가 해야 하니까. 책임도 내가 지는 것이니까 그렇게 했다. 그런데 엄마는 당신을 무시한다고 말했다.

나는 엄마의 말끝마다 이렇게 대답했다.

"잠바 안에 옷을 더 입어라.", "제가 알아서 할게요.", "김치가 익었으면 옮겨 놔라.", "제가 알아서 할게요."

쉴 새 없는 엄마의 간섭을 자르고 싶었다. 우린 자주 다퉜다. 만나면 두 밤을 못 넘기고 언성을 높였고 서로의 마음에 생채기를 냈다. 나는 10분이 멀다 하고 쏟아지는 엄마의 잔소리가 지긋지긋했고 엄마는 당신 말을 듣지 않는 딸을 향해 울분을 토했다. 나는 딸로서 인생을 지지받지 못한다고 느꼈고 엄마는 엄마의 자리를 존중받지 못한다고 느꼈다. 우리 모녀는 그렇게 이십 년 가까이 밀쳐 냈다가 끌어당기기를 반복했다.

엄마가 유난스럽다고 생각했지만 정작 엄마가 내게 뭘 못하게 하거나 강요한 적은 없었다. 고등학교 때 영어 학원도 수학 학원도 아무 데도 가지 않겠다고 해도 그러라고 하셨다. 미대에 가겠다고 할 때도 미술 학원에서 저녁까지 먹을 도시락을 말없이 싸 주셨고 1년쯤 다니다가 다시 인문대에 가겠다고 변덕 떨 적에도 한숨만 내쉬셨지 나를 비난하지 않으셨다. 시험 전날 공부 안 하고 비디오만 보고 있을 때도 용돈 받으면 참고서는 안 사고 음반만 잔뜩 사 가지고 올 때도 혼난 기억이 없다. "공부 좀 해라"라는 말조차 듣지 않고 컸다. 엄마가 행여 내 인생을 간섭할까 질색해 왔지만 사소한 습관부터 인생의 중대한 결정까지 자식의 의지를 꺾으며 강요하신 적은 단 한 번도 없다. 속으론 불만을 쌓았더라도.

엄마에겐 그 불만을 해소하는 방식이 되려 더 해 주기였을지도 모르겠다. 엄마가 관여할 수 있는 자식의 인생이란 고작, 반찬을 해 주고 냉장고를 한바탕 뒤집어 주고 필요한 물건 보내 주기였다. 끼어들 틈을 주지 않던 딸의 인생에 뒤늦게라도 틈만 나면 김치 한 포기 자리라도 넣고 싶어 하신다. 그런 베풂에도 나는 "알아서 할게요"라고 말했다.

자식 인생의 중대사에 소외되었던 엄마의 권한은 사소한 충고와 관심에서조차 밀쳐졌다. 엄마는 번번이 나에게 졌고 나는 기어코 엄마를 이겨 먹었다. 그러고선 아쉬울 땐 엄마를 호출했다. 아이가 아플 때, 내가 아플 때, 당연하게 엄마를 찾으며 세 시간 버스를 타고 올라오게 했다. 부엌에 내내 서 있는 엄마의 뒷모습을 외면하면서도 김치가 떨어지면 주문했다. 엄마의 권한은 거부하면서 엄마의 역할을 찾았다.

딸자식이 "알아서 한다"라고 할 때마다 성내던 엄마는 "너는 엄마에게 너무 의지한다"라고도 말했다. 도무지 양립할 수 없는 두 가지가 공존했다. 자기밖에 모르고 이기적인 딸이기에 가능했다. 말끝마다 대꾸하고 거부하고 제멋대로 결정하고 행동하면서 버르장머리라고는 눈곱만치도 없는 데다 정작 아쉬울 땐 부모 찾아 부려 먹는 딸년을 보다 못한 엄마는 이렇게 말했다.

"자식이 아니라 원수다. 전생에 뭔 죄를 지었길래 너를 낳았냐."

"자식에게 이런 취급받으면서 왜 살아야 하냐."

난 내가 무엇을 그렇게 크게 잘못했는지 알 수 없었다. 지나고야 알았다. 독립을 했다지만 정작 독립은 멀리 있었다. 간섭으로부터 자유만이 독립은 아니었다. 원조와 베풂에 대한 거부도 아니었다. 여전히 부모를 주는 사람, 자식은 받는 사람, 간섭하는 부모, 도망가는 자식으로 위치하는 한

독립은 요원했다. 부모와 자식은 벗어날 수 없는 관계라는 점을 인정하고 그분들의 간섭을 수긍하되 휘말리지는 않아야 했다. 그분들의 사정을 존중하되 나의 길을 묵묵히 가면 되는 거였다.

자식은 부모에게 빚을 지지만 부모 역시 자식에게 빚진다는 사실을, 서로가 서로에게 빚지고 갚기를 반복하는 과정을 받아들여야 독립이었다. 부모에게 반항하는 한 여전한 아이였다. 치기 어린 반항이 아닌 정중한 거절을, 냉정한 감정 분리를 해야 함을 나는 몰랐다.

엄마의 '저주'대로, 나는 하는 짓도 생긴 것도 나 같은 딸을 낳았다. 맘먹으면 해야 하는 황소고집인 딸. 신발 좌우 바꿔 신고 바지를 거꾸로 입어야 직성 풀리는 딸. 밥 먹자, 옷 입자, 손 씻자, 머리 묶자 하면, 일 초 망설임도 없이 "시여"라고 대답하는 딸. 하지 말라 하면 보란 듯 더하고 하라고 하면 어김없이 안 하는 녀석.

엄마는 부산스레 뛰어 다니는 손녀를 보며 말씀하시곤 했다.

"너도 뭐든 혼자 하려고 했어. 그래서 젓가락질도 일찍 했고. 기특하다고 내버려 두었는데, 그래서 네가 젓가락질을 지금도 못하잖아. 괜히 일찍 쥐여 줬어." 수백 번도 넘게 들은 레퍼토리. 엄마는 뭐든 혼자 하겠다는 딸의 자유 의지를 존중해 줬지만 지금은 그게 잘못이었다 말씀하신다. 부모랑 일찍 떨어져 가족끼리 사는 법을 모르고 부모 말 듣는 법을 모른다고. 자식 뜻대로 살게 둔 것을 잘못 키웠다고 하신다.

"그래도 시원이는 너보다 훨씬 순한 거여. 너는 친척 집 가면 밤새 울었어. 너 데리고 어디를 갈 수가 있어야지. 동생 태어났을 땐 말도 못 했다. 동생 따라 젖병에 먹겠다고 밥을 안 먹고 울어서 내가 일 년 반을 잡곡 다 찌고 갈아서 젖병에 타 줘서 먹였다는 거 아니냐. 젖병 젖꼭지를 크게 뚫어 주니까 빨아먹더라. 내가 그렇게 너를 키웠어."

이 아이도 사춘기가 되면 방문 틀어막고 들어가 밥 먹을 때 빼곤 얼굴도 안 보여 주면서 몇 년을 보낼지 모른다. 한마디 상의 없이 진로를 결정하고 원서 쓰고 통보할 수도 있다. 어느 날 "이 남자와 결혼할래요" 하고 불쑥 찾아올 수도 있다. 중요한 결정마다 부모 이겨 먹어 가면서 내 속을 벅벅 긁어 댈 것이다. 그때마다 나는 마음에 있는 말을 얼마나 삼킬 수 있을까. 먼발치서 엉거주춤 바라보다, 호통치다, 그렇게 져 주는 수밖엔 없을 것이다.

언젠가부터 엄마는 나에게 하는 전화를 망설이신다. 받지 못한 전화에 장문의 문자를 남기신다. 나는 내 딸에게 전화를 걸고 싶을 때 얼마나 참을 수 있을까. 참고 참고 또 참다가 안부를 물으면 내 딸은 지금 나처럼 시큰둥하게 대답하겠지.

"엄마, 나 잘 살고 있어요. 걱정 마세요."

그때 나는 딸의 잘 살고 있음을, 정말 잘 살고 있다 믿으며 있는 그대로 지켜봐 줄 수 있을지 글쎄, 자신은 없다.

어느 당연하지 않은 밥

"넌 어미가 되어 어떻게 애보다 늦게 일어나냐. 먼저 일어나서 밥을 차려 놔야 애가 안 울고 밥을 먹지."

네 달간 친정 신세를 진 적이 있다. 어미라면 응당 새벽부터 일어나 자식 배 곪주리지 않게 밥 챙겨야 하거늘. 이 딸자식은 왜 일어나는 거 하나 못해 빌빌거리는지 보기 싫어하셨다. 아이와 자느라 잠을 설치던 나는 아이가 일어날 때까지 잤고 아침은 대충 차려 버릇했다. 수십 년간 새벽에 일어나 아침을 준비한 엄마에겐 있을 수 없는 일이었다.

엄마는 그랬다. 급식이 제공되지 않던 시절, 장장 12년. 아침이면 늘 갓 한 밥과 반찬을 해 주면서도 도시락으로 또 다른 반찬을 싸 주었다. 내가 자란 곳은 전주. 엄마 음식 솜씨는 좋았다. 간장, 새우젓, 매실액, 꿀, 과일즙으로 맛을

낸 엄마의 반찬은 같이 먹던 친구들이 다 집어 가 금방 동이 났다.

자식들이 객지로 나간 후에도 엄마는 반찬을 계속 만드셨다. 파김치. 고구마순김치, 열무김치, 갓김치, 고들빼기김치 등 온갖 김치와 밑반찬을 반찬통에 꾹꾹 눌러 담고 하나하나 비닐로 겹겹이 싸고 고무줄로 꽉꽉 동여 택배로 보내셨다. 나는 하나씩 손으로 집어 맛보고 냉장고에 넣어 뒀다. 결국 반도 못 먹었다. "엄마, 그렇게 보내지 마. 다 못 먹어." 멈출 엄마가 아니었다.

자식들이 공부하다, 일하다 돌아오는 주말이면, 해물탕, 갈비, 백숙, 각종 나물, 생선조림 등 매끼 바꿔 상을 차려 주셨다. 딸의 집으로 올라오실 때면 아이스박스 가득 싸 오셨다. 그것으로 부족했는지 종일 부엌에 서서 음식을 만드셨다.

엄마는 뭐든 대충 하는 나와 달랐다. 나물의 시든 이파리를 정성껏 골라내셨고 (내가 부추나 시금치를 다발째 물에 흔드는 것과 달리), 생선 비늘을 다듬었고 (난 생선을 씻지도 않는다), 고기에 비계를 하나씩 떼어 냈고, 동동 떠다니는 기름은 다 건져 냈다. 마늘을 일일이 칼등으로 빻았고 (나는 믹서기에 간다), 밀가루는 꼭 체에 걸렀다 (시도조차 안 해 봤다). 아침을 먹고 나면 점심을 준비하고 점심을 먹고 나면 저녁을 준비하셨다.

밥을 다 차려 놓아도 식탁에 앉지 않으셨다. 온 식구가 앉고 아빠의 식전 기도가 시작되어도 계속 뭔가 만들어 내오셨다. "엄마, 이제 그만하고 앉아요.", "이것 좀 더 하고. 먼저들 먹어." 허기가 인 식구들은 먼저 밥을 떴다. 엄마는 가장 작은 밥그릇을 가져와 밥솥 밑에 눌러 있던 밥을 긁어 그릇에 담았다. 그릇 가장자리에 밥풀을 싹싹 발랐다. 엄마가 뒤늦게 가져온 반찬은 식구들 배가 어느 정도 찬 후라 비워지지 않았다. 엄마는 늘 늦게까지 식탁에 앉아 드셨다.

엄마가 몇 년 사이에 많이 쇠약해지셨다. 무릎과 허리가 약해져 오래 서 있거나 걷기 어렵다. 심장도 좋지 않아 작은 일에도 놀래 두근거리신다. 친정에 있는 내내 맛있는 것을 못 해 준다며 미안해하셨다. 그러다 한번 내가 고기가 먹고 싶다고 무심코 내뱉었다. 그날 엄마는 돼지갈비를 잔뜩 사 오셨다. 나는 몸이 좋지 않은 엄마가 내 말 한마디에 더운 날 낑낑대며 고기를 사 온 것이 또 부엌 불 앞에 내내 서 계신 것이 못마땅했다.

"나 고기 안 먹어도 되는데."

이 말은 엄마 속을 벅벅 긁어 놨다. 정성을 몰라봐 주는 딸의 무심한 말에 엄마는 방으로 들어가 누우셨다.

당연하게 받아먹던 엄마의 밥. 엄마의 당연한 노동은 엄마가 아프면서 당연하지 않게 되었다. 받아먹는 데 익숙하던 나는 엄마의 자리를 채울 수 없었다. 아이 반찬 하나 하는 데도 허덕였고 멀쩡하던 다리도 부엌에만 서면 아팠다. 그제야 보였다. 엄마가 만들고 먹이고 치워 왔을 수십 년. 거실과 등 돌린 부엌에 하루 종일 서 있던 엄마. 아침이면 부스스한 얼굴로, 외출 후엔 갈아입지 못한 옷으로, 아플 때도 쉬지 못한 몸으로 거실에서 텔레비전 보는 식구들을 뒤로하고 혼자 서 있던 엄마.

엄마는 지금도 쉬지 못한다. 전처럼 상다리 휘어지게 차리진 못해도 국과 반찬을 만들어 냉장고에 쟁여 두신다. "엄마 그만 좀 해.", "그럼 굶기리? 내가 안 하면 누가 하냐." 역정을 낸다. 나는 화가 났다. 멈추지 않는 엄마에게. 엄마를 이해하고 싶지 않은 나에게. 엄마처럼 하고 싶지 않은 나에게.

엄마 집이 아닌 나의 집. 나는 30분 안에 끝낼 수 있는 요리만 만든다. 밑반찬도 국도 없이 반찬 하나만 겨우 만들고 김치를 곁들인다. 식사 준비를 마저 한다고 가족들에게 먼저 밥을 먹게 하지 않는다. 별 볼 일 없는 상차림이라도 내 수저를 먼저 놓고 내 밥을 먼저 뜨고 먼저 자리에 앉는다. 늑장 부리는 남편과 아이를 두고 혼자 밥을 퍼먹는다. 아프면 드러눕고 손님이 오면 시켜 먹거나 나가 먹는다.

나는 그렇다. 엄마처럼 밥을 하고 싶지 않았다. 정성이 부족할망정 피곤이 쌓이지 않는 밥상을 차리고 싶다. 기다림 끝에 먹어 감사하지 않을 수 없는 밥상이고 싶다. 초라해도 좋다. 억울하지 않은 밥상이고 싶다. 식구들이 내가 밥 차리는 것을 당연하게 생각하지 않았으면 좋겠다. 엄마라면 "식구들 밥 차려 줄 수 있다는 걸 감사해라. 그걸 기쁨으로 삼아라"라고 말하며 딸내미의 모난 엄마 노릇에 혀를 차겠지만 나는 그렇다. 엄마가 해 온 헌신을 따라 할 수도 없지만 따라 하고 싶지도 않다.

봄이 되어 냉이를 보니 엄마가 해 주시던 된장국이 생각났다. 내가 끓인 된장국은 엄마가 끓인 된장국과 너무 다르다. 같은 된장을 썼는데도 그 맛이 아니다. 엄마에게 물어보면 기억했다 택배로 보내든 와서 해 주든 하실 테니까 묻지 않기로 했다. 이제 엄마의 반찬 택배를 받지 않는다. 어쩌다 김치만 받는다. 당연히 받아먹던 엄마 밥. 내 입엔 가장 맛있었지만 맛있는지도 모르게 먹었던 그 밥. 엄마 밥이 그립다. 하지만 자주 못 먹어 아쉽지 않다. 세상에서 가장 맛있는 엄마 밥을 못 먹으면 어떻고 내 밥이 세상에서 가장 맛있다는 엄마 밥이 못 되면 어떠랴. 수고가 당연하지 않은 밥. 그 밥이 제일 맛있는 밥이다.

세상에서 가장 맞지 않는 사람과의 여행

엄마가 수술을 받으셨다. 부정맥 증상으로 4년 넘게 약물 치료를 해 왔고 시술도 받았지만 호전되지 않았다. 최근엔 이완기 혈압이 40까지 떨어졌다. 위험 수준이었다. 더는 약이 먹히지 않는 엄마의 몸. 주치의는 더는 늦출 수 없다며 수술을 권했다.

지난가을, 엄마와 여행을 다녀와서 다행이다. 그때 가지 않았더라면 기약 없이 또 몇 년이 흘렀을 거다.

엄마와 여행은 없던 계획이었다. 남편이 육아 휴직을 냈고 가족 여행을 가려 했지만 네 살배기를 데리고 길게 갈 곳이 마땅찮았다. 그러다 생각했다. 엄마와 유럽 여행을 가면 어떨까? 유럽 성지순례는 엄마의 오랜 꿈이었지만 아빠는 따라 주지 않았고 빡빡한 여행사 패키지도 엄마 체력에는 무리였다. 한 번 유럽 여행을 다녀온 내가 엄마를 모시고 자유 여행을 간다면? 남편이 아이를 봐줄 수 있는 지금이 기회였다.

엄마에게 말을 꺼냈다. 놀라워하고 기뻐했지만 고민하셨다. 엄마 나이 68세. 심장도 안 좋고 무릎도 안 좋지만 고려해 보겠다던 엄마는 며칠 후 못 가겠다고 하셨다.

"지금도 밤에 잠을 못 자. 뭣보다 너랑 나는 삼 일만 지나면 죽자고 싸우는데 네 성질 받아 가며 여행할 자신 없다."

맞다. 잊고 있었다. 엄마와 나는 사이가 좋지 않다. 시한폭탄 같다. 한 지붕 아래에 있다 보면 이틀을 못 넘기고 끓는점 직전까지 오른다. 아슬아슬 유지하다 사소한 말꼬리가 퐁당 들어가면 폭발한다. "엄마 그게 아니라니까!", "내가 너 같은 걸 왜 낳아서 이런 대우를 받냐. 너는 자식이 아니라 원수다. 지금(밤 11시) 짐 싸서 내려가겠다."

이러고서 두어 달 후 만나 지지고 볶고. 평상시엔 부딪히지 않기 위해 짤막한 안부 통화만 하고 대화를 극도로 자제한다. 어떻게 열흘간 해외여행을 하겠다는 건지.

비행기 탄다며 철없이 설레던 마음을 꾹꾹 접었다. '안 그래도 준비하려니 귀찮았는데 차라리 잘됐어. 엄마가 못 가겠다고 해 주니 속 편하다.' 그런데 며칠 지나 엄마에게 전화가 왔다. "아무래도 안 가려니까 우울해져. 이것도 하느님이 주신 기회가 아닐까? 너와 화해하라고."

3주 후에 떠나기로 하고 항공권과 숙소, 현지 투어를 예약했다. 14년 전 가 봤던 로마의 거리를 감감히 떠올리며 일정을 짰다. 10년 동안 모은 항공 마일리지를 털었고, 엄마는 쌈짓돈을 꺼냈고, 남동생 내외와 아빠가 돈을 보태 주었다. '딸 덕에 유럽 다녀왔다'고 내세울 엄마의 추억을 위해, 그간 못한 효도를 위해, 역사적 사명을 띠고 비행기에 오를 때 나는 한 가지만 결심했다.

"엄마와 싸우지 말자."

엄마를 인터뷰하려 했다. 꾹꾹 눌러 온 이야기들을 내가 듣고 기록해 보고 싶었다. 피렌체 아르노강이 보이는 카페, 로마의 스페인 광장 한편에 앉아 진솔하게 주고받는 대화. 그럴듯해 보였다.

결론부터 말하자면 인터뷰는 실패했다. 인터뷰의 기본자세는 상대의 이야기를 편견 없이 듣는 존중과 경청일 텐데 그러기엔 엄마에 대한 나의 감정이 복잡했다. 나는 엄마와 대화를 부담스러워하고 있었다. 돌아가신 이모할머니에게 겪은 시집살이부터 아빠에 대한 원망까지 족히 오십 번은 들었을 이야기가 반복될까 긴장했다. 섣불리 말문을 열었다가 언성 높아지고 여행을 망칠까 겁났다.

다행히도 이탈리아에서 우리는 많이 싸우지 않았다. 비결은 '사적인 대화 적게 하기'였다. 자유 여행이었지만 매일 현지 한국인 가이드 투어로 빽빽하게 채웠다. 아침 6시부터 숙소를 나섰고 가이드의 빠른 말을 듣고 적고 대답하고 질문하느라 정신없었다. 잠깐씩 쉴 땐 입도 뻥긋하지 않았고 숙소에 들어오면 지쳐 씻고 잠들기 바빴다. 서로 심사를 꺼낼 틈이 없던 덕에 부딪힐 일도 적었다. 우리가 나눈 대화는 "지금 어디를 간다. 앞으로 어디를 간다. 뭐를 먹자. 몇 시다. 다리가 아프다." 정도였다.

희희낙락 다니진 않았다. 체력 약한 엄마에게 맞춰 주다 일정이 어긋났고, 나의 준비 부족으로 길을 헤맸고, 끼니를 놓치기도 했다. "엄마 때문에 이렇게 됐잖아"라고 말한 적이 두 번쯤 있었다. 엄마는 발끈했다. 내가 더 우기면 이대로 공항으로 직진할지도. 심호흡 한 번 하고 무마했다. "어쩔 수 없지 뭐, 완벽할 순 없잖아?" 몇 번의 아슬아슬한 다툼을 피했다. 피곤이 쌓이고 짜증이 머리끝까지 찰 때마다 이를 악물었다. 엄마도 마찬가지였다.

로마에서 피렌체로 가는 기차 안, 드디어 엄마의 길고 긴 하소연이 시작되었다. 주제는 '엄친아'.

엄마는 공무원이나 교사가 된 남의 집 자식들을 가장 부러워한다. 왜냐 엄마 자식들은 못 했으니까. 아빠는 초등학교 교사로 36년을 재직하셨고 인맥의 대부분은 교사인데,

그 자녀들도 적어도 한 명은 교사가 되었다. 부모가 교사로 사는 모습이 좋아 보이고 부모의 삶을 존경한다면 자식도 교사가 안 될 이유가 없음이 엄마의 지당한 논리였다. 무난하고 안정된 삶을 살기엔 교사만 한 직업이 없다고 말하곤 하셨다. 개성과 자유만이 진리라고 믿던 나에게 '평범하게 살라'는 말은 고루하게 들렸다. 사범대나 교대를 가라, 교직 이수를 하라는 부모님의 요구를 듣는 척도 하지 않았다.

부모가 시키는 대로 안 하고 제멋대로 사는 자식, 엄마는 이를 두고 자식 교육 실패라고 명명하셨고 자식 자랑할 게 없다고 한숨 쉬셨다. 내가 회사 그만두고 집에 눌러앉은 후로는 더 심해졌다. 교사가 되었으면 이럴 일은 생기지 않았을 거라며.

"엄마 이제 와서 소용없는 이야기를 왜 자꾸 해?"

"네가 사는 모습이 딱해서 그렇지!"

"교사는 편한 줄 알아. 하루 종일 애들 가르치고 집에 와서 혼자 살림 다 해."

"그럼 좋은 거지 뭐가 문제인데? 애 키우면서 그만한 직업이 어디 있어."

엄마는 왜 남들 시선, 남들이 좋다는 기준에서 자유롭지 못하실까. 엄마는 "결혼 안 해도 돼, 애는 안 낳아도 돼"라거나 "네가 책임져야 할 일이다"라고 단호하게 말하신 적이 없다. 최악의 상황을 가정하고 걱정하거나 지나간 일을 되씹으며 후회하셨다.

지금 나에게 부족함이 있다 해도 엄마 탓이 아니라고 말하고 싶었다. 내가 한 선택과 결과가 만족스럽지 않다 해도 엄마가 잘못 가르쳐서 이렇게 사는 건 아니다. 똑같이 키웠지만 너무도 다른 남동생이 그렇듯 말이다. 내 인생을 스스로 정해 왔다고 생각하기에 부모에게 원망 역시 없다. 부모님이 나의 손을 잡고 이리저리 이끌지 않았기에 내가 이만큼이라도 살 수 있었다고 생각한다.

"엄마, 남의 집 자식들이 공무원 하고 선생 하는 게 그렇게 부러워?" 엄마의 대답. "그래, 부럽다." 엄마는 왜 그러냐고 따지고 싶었지만 입을 꾹 다물고 창밖을 내다봤다. 피렌체로 가는 기차 안, 우리는 마주 앉아 아무 말도 하지 않고 두 시간을 더 보냈다. 나는 책을 꺼내 읽었다. 리베카 솔닛의 『멀고도 가까운』에는 엄마에게 말하고 싶은 말이 써 있었다.

"엄마는 내가 일종의 거울이 되기를 바라셨죠. 엄마가 보고 싶은 자신의 이미지, 완벽하고 온전히 사랑받고 언제나 옳은 모습으로 비춰 주는 그런 거울 말이에요. 하지만 나는 거울이 아니고, 엄마 눈에 결점으로 보이는 것들도 내 잘못은 아니잖아요. 엄마가 계속 그렇게 나한테서 기적을

바라는 한 나는 절대 그것에 맞출 수가 없어요."

엄마는 나와 다른 줄 알았지만 여행에서 깨달았다. 엄마는 옆자리에서 부스럭대기만 해도 잠에서 깼고 나 역시 잠자리가 바뀌면 깊은 잠을 못 잔다. 그렇게 시차 적응을 하지 못한 삼 일간, 서로를 번갈아 가며 깨웠다. 새벽에 화장실 물 내리는 소리가 요란하게 퍼지면 화들짝 깨어 버려 새벽 3, 4시부터 뜬눈으로 날 새기를 기다렸다. 예민한 게 꼭 닮았다. 그뿐인가. 다혈질, 급한 성미, 자존심도 세다. 그렇기에 우린 그토록 싸운 것이다.

어느 면에선 다르다. 나는 화가 나면 바로 말하지만 엄마는 가슴에 응어리를 남기는 분. 엄마는 참는 사람이었다. 몸이 아플 때도 밥상을 차렸고 살림과 자식을 두고 집을 비운 적도 없으셨다. 남에게 싫은 소리도 못 했다. 엄마가 유지한 화목의 방식이었고 나는 우리 집이 꽤 행복한 가정이라고 생각했다.

참고 살아온 세월의 한이 터진 걸까. 건강이 악화되면서 엄마는 감당하지 못했다. 하나밖에 없는 딸년은 하소연을 받아 주지 않았고 아빠는 자상했지만 꼬치꼬치 엄마를 가르치며 속을 박박 긁었다. 의지했던 건 생신 때마다 편지를 잊지 않던 효자 아들이었는데 장가를 가 버렸다. 아무도 엄마의 이야기를 들어 주지 않았다. 겉으로 화목해 보이면 그뿐이었다. 엄마가 언제나 늘 그렇게 있을 줄 알았으니까.

나는 종종 물었다.

"엄마, 왜 그렇게 참고 살았어. 나 같으면 집 나갔을 거야."

그러면 엄마는 대답했다.

"그렇게 살아야만 하는 줄 알았어."

가슴속에 참을 수 없을 만큼 화를 쌓다가 심장이 고장 나 버린 건 아닐까. 작은 버튼만 눌러도 맥박이 주체할 수 없이 펄떡이게 되어 버렸다. 엄마의 또 다른 병명은 '화병'이라고 나는 진단했다.

아빠에게 당부했다. "엄마를 화나지 않게 하는 방법을 알려 드릴게요. 엄마가 무슨 말을 하든 '알았어' 그리고 '미안해' 이 말만 하세요. 어떤 토도 달지 마세요."

엄마가 혼자 짊어진 채 살아온 세월은 식구들이 나눠 매야 할 짐이 되었다. 평생 엄마의 맞춤 내조를 받아 온 아빠는 이제 엄마의 돌봄 담당자가 되어 밥을 하고 빨래를 하고 청소를 하고 병원 간이침대에 누워 주무신다. 이탈리아 여행에서 나는 엄마의 보호자였다. 엄마는 온전히 의지했고 나는 보필했다. 아침저녁으로 호텔 주방에 내려가 뜨거운 물을 달라고 해서 엄마에게 날라 드리고 엄마의 손을 꼭 쥐고 보폭을 맞춰 걸었다.

리베카 솔닛의 문장이 다시 나에게 머물렀다.

"어머니의 불행은 내가 끌고 가야 할 썰매라고 생각했다. 나 자신을 자유롭게 하기 위해. 그리고 어쩌면 어머니를 자유롭게 해 주기 위해, 그 썰매를 끌면서 곰곰이 살폈다."

나도 엄마에 대한 글을 쓴다. 엄마를 가볍게 하기 위해, 나를 가볍게 하기 위해.

3장 스타일 없는 라이프

"예측 불가능한 인생에서 내 뜻대로 되지 않는 일상에서 집의 서랍과 옷장과 싱크대는 유일하게 내 힘으로 온전히 장악할 수 있는 물리적 공간이었다. 착착 제자리 찾아 얌전히 앉아 있는 사물을 보면 네모난 공간만큼 마음의 평화가 찾아온다. 더 이상 어디에 무엇이 있는지 찾아 헤매지 않아도 된다는 명확함은 편리성과 효용성뿐 아니라 뿌연 삶도 선명하게 인식시켜 주는 착각을 일으킨다. 나는 그 안에서 잠시, 안도한다."

해도 해도 끝이 없던 살림의 늪에서 물건들을 버려 갔다.

아파트 전세 난민으로 2년마다 이사 다니다가 변두리 주택으로 나왔다. 공간이 달라지고 배치가 달라지며 시작되는 일상의 조정.

모든 건 '집' 때문이다

나는 나처럼 서울 태생이 아닌 지방 출신 남자, 나처럼 허름한 '방'에서 살던 남자와 결혼했다. 우리는 서울에서 가장 집세 싼 지역에서 각자 살고 있었고 결혼하면서 서울 동쪽 끝에 신혼집을 구했다.

낡은 동네에서 최대한 멀리 떨어지고 싶었다. 난잡한 상업지구나 어수선한 재개발 지역이 아닌 주거지역을 원했다. 지방에서 서울로 올라와 하루하루 버텨 내며 살아가는 사람들이 사는 동네, 언젠가는 떠나리라 마음먹지만 좀처럼 떠나기 쉽지 않은 동네, 좁고 음침한 낡은 빌라들이 촘촘히 붙어 있는 그런 동네가 아니라 서울 토박이들이 사는 곳. 가족이 사는 그런 곳에 우리도 살고 싶었다.

우리는 각자 6년간 일하며 모은 돈을 합쳐 역세권 신축

빌라 투룸을 구했다. 2010년 무렵만 해도 전세 1억에 가능했다. 둘이 살기에 좋은 크기였고 깨끗하고 아늑했다. 겨울이 오기 전까진.

백 년 만에 닥친 한파에 보일러는 얼었고 방풍 비닐을 붙이고 극세사 커튼을 달고 패딩을 껴입어도 추웠다. 집주인은 고장 난 보일러를 고쳐 주지 않았다. 부실 시공된 베란다 바닥에 물이 스며들자 전세금을 가지고 협박했다. 마침 둘 다 경기도에 위치한 회사로 이직하며 그 집에서 나올 수 있었는데 베란다 공사비를 떼어 줘야만 했고, 집주인은 우리가 나가자마자 전세금을 50% 올렸다. 2012년. 전세가 폭등의 시작이었다.

굳이 집값 비싼 서울에서 살 필요가 없었다. 서울과 인접한 신도시에 자리 잡았다. 전세가가 치솟고 매매가는 오르지 않아 차이가 좁혀지던 무렵, 주변 사람들이 대출을 받아 매매하기를 권할 때, "에이, 20년 다 된 아파트를 누가 이 돈 주고 사. 오르지도 않을 텐데"라고 콧방귀를 뀌었다. 17년 된 아파트에 전세로 들어갔다.

부모님 집 떠난 지 10년 만의 아파트 생활이었다. 나에게는 비로소 집다운 집이었다. 베란다와 방 세 개가 있는 사각형 집. 그러니까 '방'이 아니라 '집'. 엘리베이터를 타고 올라와 문을 닫으면 아늑한 익명성으로 숨을 수 있는 집.

20여 년에 걸쳐 자리 잡은 대형 아파트 단지 가까이엔 마트, 병원, 도서관, 체육관, 공원이 있어 편리했다. 비슷한 평수에 비슷한 생활 수준을 가진 사람들이 비슷한 모양새로 사는 것에도 묘한 안도감을 느꼈다. 아파트에서 산다는 건 최소한 우리가 가난하지도, 뜨내기도 아니라는 증명이었다.

신도시 특유의 합리성도 좋았다. 철저히 서울 인구 분산을 위한 주거지역으로 계획된 도시. 빈틈없이 구획된 도로에 저마다 역할에 충실한 공간이 넘치지도 모자라지도 않게 자리 잡은 곳. 여기엔 누구나 고향을 떠나온 사람들이 산다는 것. 여기에서 태어나고 자란 성인은 아무도 없음에도 동질감을 느꼈다. 13층 우리 집도 좋았다. 이 집에서 아이를 가졌고 중고차도 한 대 마련했다. 하지만 바람만큼 오래 살지 못했다.

집주인이 집을 판다고 해서 2년 만에 다시 집을 알아봐야 했다. 그때도 집을 살 생각은 하지 못했다. 10년 이상 살 거니까 아이도 낳고 키워야 하니까 30평대 이상으로, 지어진 지 10년 이내의 아파트를 사야 한다고, 그 정도는 갖춰야 한다고 보았다. 우리가 가진 돈으론 턱없었다. 낡지만 작은 아파트 대충 고쳐 살아도 그만일 수 있었지만 번듯하고 좋은 집을 원했다.

우리는 또 20년 된 아파트 전세를 얻었고 그 집에서도 2

년 만에 나와야 했다. 그리고 그제야 알았다. 신도시 아파트에 살 기회를 완전히 놓쳤다는 걸. 오르지 않으리라 믿었던 낡은 아파트들은 지하철 신규 노선이 개통하며 가격이 치솟았고 전세는 동이 났다.

이 동네에 처음 이사 왔을 때 집을 샀어야 했던가. 빚도 자산이라는 시대. 둘 다 매달 안정적 수입이 있었기 때문에 '하우스푸어'로 살 수 있는 충분한 자질과 조건을 갖추고 있었지만 매매를 망설였다.

빚에 인생을 저당 잡히기 싫었다. 하기 싫은 일을 빚 갚으려고 억지로 하며 살기 싫었다. 청춘을 회사에 바치며 살아온 인생이 할 소리는 아니지만 남은 인생이라도 여지를 두고 싶었다. 지나고 나서 보니 몰랐다. 빚 말고도 인생을 저당 잡는 건 많고, 빚을 갚기 위해서가 아니더라도 인생 대부분은 하기 싫은 일을 하며 산다는 걸. 빚 있다고 불행하게 살고 빚 없다고 자유롭게 사는 것도 아니었다.

집값이 하락할 거라 믿었다. 2011년~2012년까지만 해도 넘쳐나는 미분양으로 집값 폭락 예측론이 횡횡했다. 보고 싶은 것만 본다고 그런 기사만 쏙쏙 골라 봤다. 대출을 받아서라도 집을 구매하는 이유는 매매가보다 떨어지지는 않으리란 믿음 때문. 실거주 목적이어도 가격이 하락할 집을 대출 잔뜩 받아 산다는 건 무모했다.

예상과 예측은 보기 좋게 틀렸다. 집값은 고공행진을 계속했다. 지나고 나서야 알았다. 대한민국에서 집값은 떨어질 수도 없고 떨어져서도 안 되는 거였다. 누구나 집 없을 땐 집값 하락을 원하지만 일단 내 집 생기면 상승을 바라기 마련. 내 집 마련을 위해 거금을 대출받아 아득바득 살아가는 사람들에게 집값 하락은 모든 꿈을 붕괴시켜 버리는 것. 1300조 원의 가계부채. 집값이 떨어지면 천문학적 금액이 거품처럼 날아가는데 어찌 떠받치지 않을 수 있을까. 정부가 아무리 부동산 투기 규제 정책을 펼쳐도 집값은 오르고 또 올랐다.

한편으론 같잖은 양심 때문이었다. 집값 상승을 기대하고 집을 산다는 건 윤리적으로 옳지 않다고, 부동산을 통한 자산증식은 불로소득이라고 여겼다. 집으로 돈 번 사람들에 대한 시기심까지 더해져 나는 저 정도는 아니라는 도덕적 우월감을 가졌다. 또 회사 다니면서도 돈 모을 수 있다는 순진하고 치기 어린 자신감도 있었다.

그때만 해도 몰랐다. 아무리 자본주의에 비판적이며 진보적인 가치관을 가진 사람이라고 해도 부동산에서 자유롭지 못하다는 걸. 일정하고 안정된 수입이 있는 중간계급 대부분은 집으로 재산을 유지하고 증식하고 있음을. 안전하고 편한 주거는 최소한의 살 권리이지만 집값은 후퇴를 모르고 상승하고 은행 이율은 낮고 어디에도 안전한 투자처가 없는 상황에서 목돈이 집으로 몰리는 건 당연한 현상임을. 부동산 투기, 아니 투자만이 천민자본주의에서 살아남는 방법임을.

아니, 사실은 알고 있었다. 인정하고 싶지 않았을 뿐. 나도 그 대열에 합류하고 싶다는 욕망까지도.

우리 부부와 비슷한 시기에 취업, 결혼한 친구들은 신혼부터 대출받아 아파트를 사거나 몇 년 안에 집을 마련했다. 부동산 침체기에 산 아파트는 폭등기를 거치며 적게는 1억에서 몇 억까지 가격이 상승했고 그만큼 자산증식을 이루었다. 사정 들어 보면 여전히 집의 반은 은행 소유고 아무리 올라도 팔아야 내 돈이지만 겉보기에는 그랬다.

우리는 극적인 자산증식 기회는 놓쳤지만 지금이라도 집을 사는 게 낫다고 결론을 냈다. 2년 후 전세가 올라 지금 매매가와 비슷해진다면 차라리 지금이라도 집을 사는 게 낫지 않을까 하는(남들은 진즉에 다 한) 계산에 뒤늦게 도달했다. 그리고 집을 찾아 헤맸다.

본격적으로 집을 알아보니 예산 내에서 사자니 너무 낡았고 새집을 사자니 비쌌다. 우리가 꼭 이 동네에 살아야 할 이유가 있을까. 동네에서 만난 좋은 사람들, 공원, 산책로, 소아과, 크고 작은 마트, 체육관, 서울까지 접근성, 남편 회사까지의 거리, 넉넉한 보육 기관. 포기하고 싶지 않은 이점은 많았지만, 그 모든 걸 누리기 위해서는 그만큼의 비용을 지불해야 했다.

남편은 대출 더 받아 역세권 근처 개발되는 지구에 분양을 받자고 했다. 조감도엔 30층 넘는 주상 복합 아파트가 서 있었다. 남편 회사로 통근하기에도 좋았다. 그런데 이미 내가 회사를 그만둔 후였고 아이를 낳은 후 돈벌이도 하지 않고 있었다. 수입은 반토막 되었고 지출은 훌쩍 늘어나 있었다. 무엇보다 하늘을 찌르며 치솟은 고층 아파트를 보니 집이란 무엇인지 근본적으로 묻고 싶었다.

나의 유년을 떠올렸다. 여덟 살부터 열두 살까지 살았던 시골 주택. 매일 마당에서 흙장난하고, 풀 캐고, 소꿉놀이하고, 엄마와 참외 따고, 툇마루에서 비 내리고 눈 내리는 걸 보던 집. '우리 애도 나처럼 마당 있는 집에서 자라면 좋을 텐데…….' 시골 살며 얻은 정서가 나에게 긍정적 영향을 주었다는 믿음, 사실 그 영향력은 아주 미미하게 남아 있지만 그땐 그리 믿고 싶었다.

마당 있는 집. 어디까지나 환상이요, 꿈이었지, 고려 대상은 아니었다. 저층 아파트 1층을 알아보는 정도로 만족했다. 그러다 우연히 분양 중인 주택 단지를 알게 되었다. 서울과 한참 떨어진 경기도 변두리여서인지 분양가도 예산에서 크게 벗어나지 않았다. 아파트에 질려 있던 무렵, 구경이나 가자며 분양 사무소를 찾았고 잔여분 중 한 채를 계약하고 말았다. 뭐를 믿고.

집을 살 땐 환금성을 고려해야 한다. 우린 끝없이 그 점을 따져 왔고 그래서 집을 사지 못하고 있었다. 그 치밀하고 신중했던 판단력은 어디로 가 버린 걸까. 계약한 주택은 원래 살던 지역에서 차로 40분을 더 내려가야 했고 남편 회사까지 통근 시간도 그만큼 길어졌다. 주택 단지는 산 밑이라 주변에 편의 시설이 전무했다. 근처에 어린이집도 없었다. 그럼에도 '그림 같은 우리 집'을 갖게 된다는 설렘에 보고 싶은 것만 보았다. 언제나처럼 몰랐다. 집 짓기가 만만하지 않다는 것이나 주택에 살기 위해 어떤 노동이 필요한지도 모르고 덜컥 일을 저질렀다.

그 후로 반년. 예상 입주일이 한참 지났지만 집은 터도 닦이지 않았다. 공사는 계속 연기되었고 살던 아파트에서도 나와야 했다. 언제나처럼 삶은 엉뚱한 방향으로 흘렀다. 남편과 나는 각자 고시원과 친정집으로 들어가 떨어져 살아야 했다. 세간을 이삿짐센터 보관 창고에 둬야 했고 몇 달이고 기약 없는 날들을 보내야 했다. 많던 살림살이의 강제 처분을 시작했다.

이게 시작이었다. 내 집을 기다리며 집 없는 삶을 살게 되면서. 어쩔 수 없이 짐을 줄여야 하면서. 처음엔 낡은 청바지 버리기부터 시작했으나 장난감을 버렸고 주방 그릇과 책장을 비워 갔다. 급기야 살림을 꾸리는 마음가짐부터 시간 쓰는 방식, 끝끝내 집에 대한 욕망까지 바뀌었다. 라이프 스타일의 조정이 일어났다. 모든 게 '집' 때문이었다. 그 여정의 기록이다.

살림이 싫어

작은 선인장이 말라 죽었다. 도톰했던 잎이 거죽만 남았다. 내버려 둬도 잘 자란다고 했는데 정말 내버려 뒀더니 죽어 버렸다. 언제 물을 줘야 할지 햇볕을 보여 줘야 할지 전혀 신경 쓰지 않았다. 마이너스 손. 내 손에 들어오면 뭐든 이렇게 말라 갔다.

배수구에도 싹이 하나 올라왔다. 들어간 검은콩 알 하나가 싹을 틔운 것이었다. 설거지 거리를 담가 놓으면 삼 일은 기본. 쓸 수저와 그릇이 없으면 그제야 하나씩 꺼내 씻었다. 빨래도 마찬가지. 개켜 옷장까지 갈 필요도 없이 건조대가 옷걸이였다. 더 이상 입을 옷이 없을 때나 빨기 시작했다. 신을 양말이 없어 아침에 빨아 드라이기로 말려 신고 나간 적도 있다. 화장실 청소와 이불 빨래는 연중행사. 정리 정돈은 왜 하죠? 결혼 전 이야기이다.

스무 살부터 부모님과 떨어져 살았다. 한 평에서 두 평, 세 평으로 자취 살림은 늘어 갔고 졸업을 하고 취직을 하고 돈을 벌고 승진을 했지만 집안일 솜씨는 늘지 않았다. 부모님이 올라오실 때마다 보다 못해 집 청소와 정리를 해 주셨다. 아빠는 어릴 적부터 딸인 나에게 요리를 배우라고 귀에 못이 박이듯 당부하셨지만 여자니까 해야 한다는 그 말이 듣기 싫어 일부러 안 했다. 그리고 정말 안 하고 살았다. 공부하느라 바빴고 일하느라 바빴다. 시간이 생기면 친구를 만나고 시간이 더 생기면 여행을 다녔다. 밥은 늘 사 먹었고 집에 있는 시간은 적었다.

결혼해서도 그랬다. 주방 용품를 구입하며 칼과 도마를 제외했다. 쓰던 과도 하나 들고 왔다. 이제껏 가위로 모든 것을 해결해 왔기에 칼이 여러 개 필요한 이유를 몰랐다. 아이가 없던 3년간 내가 남편보다 더 바쁘고 늦는 날이 많았다. 세탁기와 청소기는 일주일에 한 번 정도 돌렸고 평일엔 집밥 먹을 일이 없었다. 주말이면 아침 겸 점심은 근처 카페에서 저녁은 배달 치킨으로 다음 날 아침 겸 점심은 전날 남은 걸로 해결했다.

이렇게 살던 나에게 아이가 왔다.

아이가 첫돌이 되어 미역국을 끓여 주려고 보니 끓일 줄 몰랐다. 책에 나온 레시피대로 끓여 보았지만 뭐 때문인지 아이는 먹지 않았다. 처음으로 무나물을 했던 날, 일정한 간격으로 채 써느라 긴장했는지 손목이 시큰거렸다. 아이에게 줄 밥과 국, 반찬을 위해 틈만 나면 부엌에 서 있었다. 아침잠 많고 일어나서 두세 시간은 식욕도 식탐도 생기지 않는 나에 비해 아이는 눈 뜨자마자 "응가 마려워"하고 푸지게 싸고, "엄마 배고파" 하면서 밥을 달라고 한다. 이 불가사의한 존재의 입에 밥을 넣어 주기 위해 졸린 눈 비벼 가며 밥을 차렸다.

집안일은 폭발적으로 늘어났다. 일주일에 한 번 하던 빨래를 매일 해야 했고 일주일에 한 번 닦던 바닥을 매일 닦아야 했다. 치우지도 않았지만 어질러지지도 않던 집은 치워도 치워도 더러워졌다. 집안일은 나의 전담이 되었다. 말 그대로 전업주부가 됐다.

주부라면 응당 수행해야 한다는 이 모든 일이 어려웠고 도무지 익숙해지지 않았다. 가정의 중책을 맡은 주부이니 주인 의식과 책임감을 가지라고도 한다. 살림을 매만지며 누군가의 입에 밥을 넣어 주는 것을 기쁨으로 여기라고도 한다. 그냥 하는 것인데 왜 그냥 하는 것을 못 하냐며, 자기 일로 여기지 않으니 힘든 거라고 말하기도 한다. 누구나 당연하다고 하는데, 당연하다고 하는 이 모든 일이 나에겐 어려웠다. 익숙하지 않은 것은 둘째 치고, 당연히 여김이 받아들여지지 않았다. 누구나 당연하게 한다는 그것이 나에겐 전혀 당연하지 않았다.

천성이 게을러서. 정리를 못해서. 원체 더러워서. 살림 적성이 아니어서라고 스스로 판단했다. 나는 누군가의 입에 밥 넣어 주기를 즐기는 사람이 아니다. 집 안을 쓸고 닦고 가꾸기를 좋아하는 사람이 아니다. 그런 이유 말고는 당연히 해야 한다는 사실을 당연하게 받아들이지 못하는 이 모습을 설명할 길이 없었다.

설명할 수 없는 답답함과 막막함과 억울함에 의문을 품어 볼 여력도 체력도 없이, 쏟아지는 집안일에 두들겨 맞아가며 결국 익숙해졌다. 잠에 취한 머리가 깨기 전에 아침밥을 짓고 집안의 그림자가 되어 기계적으로 청소를 한다. 배수구도 매일 닦는다. 날렵하게 5mm 두께로 다다다다 채를 썰고 나물을 무친다. 미역국은 가장 잘 끓이는 국이 되었다. 무엇보다 아빠가 좋아하셨고 엄마는 본인보다 살림 잘한다고 칭찬하셨다.

살림 못하던 여자가 혹독한 트레이닝을 거쳐 살림 고수가 되는 휴먼스토리! '이제 살림이 좋아!' 그렇게 말하면 감동이겠지만 실망스럽게도 아니다. 아직 당연하다고 하는 것이 왜 당연한지에 대한 불편한 의문이 풀리지 않았다.

엄마니까, 주부니까, 라며 당연하게 만들어진 원칙은 언제나 목에 걸린 가시 같아 아무리 밥을 꾸역꾸역 삼켜도 내려가지 않았다. 억지로 삼키려 하면 사레가 들렸다. 그저 받아들이고 의문 없이 불만 없이 수긍하면 되는 그 쉬운 일을, 질문을 포기하면 되는 그 편한 일을. 그게 뭐라고 아직 못한다. 아니 못 하겠다. 흉내 내고 요령 피우고 쉽게 하려 줄여도 보았으니 즐길 만도 하건만 여전히 부대낀다. 내일 또 눈 뜨면 이부자리 정리하고 밥 차리고 청소기 돌리고 빨래 널겠지만 안 할 수 있다면 안 하고 싶은 일. 그렇지만 내 일인지 네 일인지 따지고 묻기도 전에 몸이 먼저 움직이게 되어 버린 일. 아직도 수시로 버겁고 수시로 놓고 싶다.

있었겠지만 하지 않았다. 그리고 인정하기로 했다. 요리가 싫다.

음식 잘하는 엄마 밑에서 컸기 때문에 모든 엄마가 우리 엄마처럼 요리를 잘하는 줄 알았다. 어떤 친구들이 매일 같은 반찬을 싸 오는 이유를 알 수 없었고, "우리 엄마 밥은 맛이 없어" 또는 "우리 엄마 요리 못해"라고 했던 말을 이해하지 못했다. 그런데 엄마가 되어 보니 내가 바로 요리를 좋아하지 않는 엄마였다.

요리를 우선순위에서 밀쳐 두는 엄마. 매일 똑같은 반찬을 주는 엄마. 요리가 도무지 즐겁지 않은 엄마였다. 전업주부라고 해도 매일 새로운 반찬 만들기는 매우 어려운 일이란 걸 주부가 되고 나서야 알았고, 이건 아무리 자식을 사랑한다 해도 누군가에겐 어려운 일이었다. "어떻게 엄마가 되어서 자식 새끼 밥해 주는 걸 귀찮아하고 못할 수 있어"라고 말할 수 있고 나도 엄마가 되어 보기 전엔 그렇게 생각하곤 했는데, 아무리 사랑해도 못 해 주는 일이 있다는 걸 알았다. 싱크대 찌든 때를 닦을망정 밥하기는 싫은 주부인 거다.

이런 나를 인정하고 더 이상 보람과 성취를 못 느끼는 일에 시간을 허비하지 않기로 했다. 부엌에 서 있는 사람은 나, 요리하는 사람도 나인 만큼 내가 하고 싶은 대로 할 수 있는 만큼 무리하지 않는 선에만 하기로. 식구들의 장단에 맞춰 기대와 실망을 반복하느니 그들을 나에게 맞추기로 했다.

아이를 어린이집에 일찍 보낸 이유는 점심 한 끼를 해결하고 싶어서가 가장 큰 이유였다. 구차한 변명일지 몰라도 절박했다. 오전 간식, 점심, 오후 간식까지 먹고 오는 어린이집은 구세주였고 아이도 다른 아이들과 어울려 먹으면서 까다롭던 입맛이 조금씩 나아졌다. 아침은 간단히 국에 밥 말아 주거나 우유에 빵, 플레이크, 전날 남은 반찬으로 볶음밥을 해 주었고 저녁 식사만 새로 음식을 한두 개 만들었다.

남편에겐 강요하지 않기로 했다. 어엿한 성인 입맛까지 내가 잡아 줘야 하나. 혼자 챙기지도 않고 챙겨 줘도 먹지 않는 아침 차리기는 진즉에 관뒀다. 같이 야식 먹자고 해도 안 먹는 남편. 그를 위한 별도의 요리를 하지도 않는다. 줬는데 기대만큼 안 먹어 속상하느니 차라리 안 해 주고 실망하지 않는 쪽을 택했다.

반찬을 사 먹으면서도 숨통이 조금 트였다. 국산 식재료를 쓰며 화학조미료 넣지 않는 반찬 가게를 찾아 젓갈, 김치, 사골 곰국부터 멸치조림, 콩조림, 장조림, 우엉조림도 주문하곤 한다. 아이에겐 가끔 밑반찬을 사 먹이는 게 더 다양하게 먹이는 방법이기도 했다. 그렇다. 나는 멸치조림도 못 하는 주부다. 생협에서 나오는 짜장이나 볶음밥, 돈가스도 냉동실 비상식량이다.

명색이 가정주부인데 사 먹지만은 않는다. 집밥을 할 땐 쉽고 간편하게 하려 한다. 삼치구이에 백김치와 밥. 미역국에 계란말이에 밥. 웬만하면 한 끼에 반찬 한두 개 넘지 않는 단출한 식단. 반찬 하기 귀찮은 날엔 주먹밥이나 남은 반찬 넣어 볶음밥을 한다. 세 살까지만 해도 쳐다보지도 않더니 이제는 같이 주먹밥을 동글동글 뭉치는 재미로 덥석덥석 입에 넣고 자기가 썬 호박이라며 푹푹 퍼서 먹는다. 사람됐다!

냄비 하나에 야채와 고기 다 때려 넣고 한 번에 끓이는 저수분 요리도 선호하는데 무쇠 냄비가 무겁긴 해도 2인용 하나 있으면 요긴하다. 국이나 찌개, 찜 요리 할 때도 육수 내고 재료를 순서대로 하나씩 넣기보다, 처음부터 물, 다시마, 양파, 애호박, 버섯 등을 한 번에 넣는다. 불 올리고 뚜껑 닫고 기다리면 그만이다. 가스레인지가 아닌 타이머 기능이 있는 전기레인지를 쓰면서도 한결 수월해졌는데, 정확히는 요리할 때 불 앞에 내내 서 있을 필요가 없는 것만으로도 해방감이 느껴졌다.

요리가 간편하고 쉬워진 데는 그릇, 조리기구, 냄비, 반찬통을 최소한으로 줄인 공도 컸다. 요리도 싫어하는 주제에 냄비와 프라이팬이 사이즈별로 있고 쓰지도 않는 거품기부터 크고 작은 국자까지 조리 도구만 한 박스였다. 요리할 때마다 새로 꺼내 쓰다 보니 설거지도 산더미였다.

이사하며 대대적으로 정리했다. 쓰지 않는 냄비와 그릇, 반찬통을 필요한 지인들에게 나누어 주었다. 결혼 후 두 번이나 썼을까 싶은 곰솥과 전골냄비도 후련하게 버렸다. 8인용 식기 세트에 서른 개 가까웠던 접시도 여섯 개 이내로 추렸다. 고맙게도 이사 갈 날이 다가오자 국그릇 밥그릇이 하나둘 깨져 3인용만 남았다.

국자 하나, 뒤집개 하나, 가위 하나, 칼 하나와 조리 도구 몇 개, 중간 크기 냄비 두 개, 전기밥솥, 프라이팬 하나만 남기니 설거지가 놀랄 만큼 줄어들었다. 쓴 그릇을 씻지 않고서는 담을 그릇이 없으니 설거지를 틈틈이 할 수밖에 없게 되었다. 그릇이 적으니 요리도 절로 간소화되었다. 냄비가 모자라 더 하고 싶어도 하지 못했고 반찬통이 적어 음식을 많이 해 둘 수 없어 바로 비워야만 했다. 주방용품의 최소화는 냉장고 안을 여유롭게 했고, 버려지는 식재료와 음식도 줄였다.

끼니만 다가오면 속부터 얹혔지만 이제 이왕 할 밥이라면 조금은 즐겁게 한다. 요리를 어렵게 하지 않고 때론 반찬을 사 먹고 찬을 해도 한두 가지를 넘지 않는다. 주말이면 남편과 한 끼씩 번갈아 한다. 심지어 식비 지출도 절반으로 줄었다.

매끼 꼭 국에 요리 하나 두고 먹어야 하나. 갓 지은 밥에 된장 발라 쌈 싸 먹어도 되고 야채 듬뿍 넣은 영양밥에 간장 비벼 김치 하나 놓고 먹어도 그만 아닐까. 한 시간 내내 했는데 15분 만에 먹을 거라면 차라리 15분 걸리는 요리를 하는 편이 낫지 않을까.

남편이 먹을 게 없다고 투덜거릴 때마다 허전하고 썰렁한 식단이야말로 건강에 더 좋다며 정당성을 확보한다. 성인들에겐 영양 부족이 아니라 영양 과다가 문제라며 담백하고 깔끔하고 소박하게 먹어야 한다고 우긴다. 궁하면 통한다고 집에 먹을거리가 빠듯하니 입 짧은 가족들도 결국엔 있는 것에서 먹는다. 싹싹 먹는다. 안 먹으면 본인만 손해인데.

한 상 거하게 차리며 식구들 입에 밥 들어가는 기쁨으로 산다는 프로 주부들 앞에 나는 작아진다. 자식에게 주는 최고의 사랑은 엄마의 밥이라는 말 앞에서도 작아진다. 단출한 밥상이라고 해서 사랑까지 초라하진 않은데 왠지 나의 사랑은 볼품없어지는 것 같다. 왜 우리는 엄마의 사랑을 아내의 사랑을 밥으로 증명하려 하는 걸까. 왜 밥에 목숨 거는 걸까. 굶기지도 않는데!

나에겐 비록 그럴듯한 찬이 없는 밥상이라도 세 식구가 모여 웃는 밥상이면 됐다. 잘 차려 먹기보다 만들 때도 먹을 때도 속 편한 것이 때론 더 중요하다.

단순하게 살기로 했다

육아 스트레스를 쇼핑으로 풀었다. 스마트폰으로 인터넷 '소셜 커머스 앱'에 들어가서 망설임 없이 주문했다. 나를 위한 옷이나 가방도 아니었다. 만 원, 이만 원 하는 자잘한 육아용품, 생활소모품, 식재료였다. 당장 필요하다는 구실로 샀지만 다 쓰레기가 되고 마는 그런 물건 말이다. 모유 수유 저장팩이나 휴대용 이유식팩, 일회용 젖병 용기, 일회용 턱받이나 일회용 테이블 매트, 사이즈별로 구비한 반찬통, 냉장고 정리 용기, 할인할 때 사재기해 놓고 3년 지나서도 다 못 쓴 물티슈. 다시마, 표고, 멸치, 마늘, 양파 가루도 모자라, 찹쌀, 전분 가루에 더해 수수, 보리, 흑미, 녹미, 율무 같은 잡곡과 강낭콩, 검은콩, 약콩, 작두콩, 팥, 병아리콩까지.

쇼핑은 이유식 하며 정점을 찍었다. 초기, 중기, 후기까지 이유식 수저만 수십 개를 갈아 치웠다. 식판도 대여섯 개, 아이용 빨대 컵과 캐릭터 그릇도 넘쳤다. 당연히 칼, 도마를 비롯해 냄비도 새로 샀다. 집에 밥 먹을 사람도 없고 요리를 좋아하지도 않으면서 부엌은 그릇과 냄비, 식재료로 가득 채웠다.

정작 살림은 놓고 살았다. 바닥이나 창틀엔 먹다가 흘린 음식 자국이 그대로 눌어붙었고, 머리카락이 엉켜 있었다. 이불 빨래도 몇 개월에 한 번 할까 말까 했다. 매일 밤 열두 시까지 장난감 정리하고 설거지하고 빨래를 돌렸지만 집은 치워도 치워도 엉망이었다. 남편은 욕실, 현관, 베란다 청소는 해 주겠다고 장담했지만 야근이 이어지며 거의 하지 못했다. 둘 다 청소할 시간도 부족했지만 집 안이 더럽다는 자각도 없었다.

결혼 5년 차, 전세 살다 쫓겨나기를 반복하던 우리는 결국 내 집을 마련하기로 했다. 그런데 이사 시기와 입주 시기가 맞지 않아 보관 이사를 해야 했다. 짐을 어떻게 해야 하나 고민하던 차, 새로운 유행으로 부상한 '미니멀 라이프'를 알게 되었다. 아이 키우는 집이라는데 가구가 딱 하나밖에 없고 싱크대가 텅 비어 있었다. 사계절 옷이라는데 옷장 한 칸에 다 들어가는 사진을 보며 큰 충격을 받았다.

우리 집을 둘러보았다. 옷장도 모자라 작은 방까지 행거를 두어 채운 옷. 발 디딜 틈 없이 빼곡한 장난감. 싱크대 위엔 각종 양념장과 식재료가 수북해 조리할 공간조차 없었고 상, 하부장 안엔 그릇이 위태롭게 쌓여 있었다. 언젠가 쓰겠다며 모아 둔 비닐봉지, 플라스틱 용기, 유리병도 한가득. 책도 많았다. 천장까지 닿는 큰 책장 네 개에 겹겹이 꽂힌 책들이 6백 권. 아이 책이 아니라 순전히 내 책이었다. 집 안 가득 숨 쉴 공간 없이 차 있는 물건이 문득 낯설어 보였다. 나는 쓰레기와 살고 있었다.

아이가 어린이집에 가 있는 동안 짐을 비워 나갔다. 아이를 재운 후에도 새벽까지 서랍과 옷장을 뒤졌다. 옷은 가장 버리기 쉬운 품목이었다. 유행 지난 옷, 안 맞는 옷, 낡고 해진 옷을 추려 내니 반 이상 버려졌다. 그다음엔 책을 비웠다. 4백 권 넘는 책을 기증하고 팔고 나누었다. 쉽지 않았다. 책을 재산처럼 여기던 나에게 책 비우기는 생살 뜯어내기처럼 아팠다. 그래도 책을 갖고 있는 부담이 더 무거웠기에 없애기로 작정했다.

지역 인터넷 맘카페에서 하는 벼룩시장에도 아이 옷을 가지고 나가 헐값에 내놓고 크고 작은 육아용품과 장난감도 '중고나라'와 맘카페에 저렴하게 팔았다. 중고거래는 감정 소모가 심했는데 가격 조율하고 연락 주고받고 시간 맞추기도 번거로웠지만 진상 고객 만나 실랑이하다 보면 사기보다 버리기가 어렵다는 말을 백배 실감했다.

버리기는 중독이었다. 버리면 버릴수록 후련했는데 심지어 몸살이 나면서도 멈출 수 없었다. 단순히 물건을 버리고 정리하는 과정이 아니었기 때문이었다. 나에겐 공간과 일상을 대대적으로 조정하는 과정이었다. 출산하고 육아하며 성취감이라곤 느껴 본 적이 없던 내가, 최초로 느낀 성과였고 없던 목표가 살아나는 과정이었다. 목표 의식이 생기니 몸과 마음에 에너지가 들어왔고 무기력하게 나자빠져 있던 하루하루가 생기로워졌다. 그동안 바닥에 들러붙은 듯 무기력하게 살아왔는데 물건들을 버리며 끔찍하던 무력감에서 벗어났다.

그리고 알았다. 물건들은 내 기를 빼앗아 가고 있었다. 물건이 차지하는 공간만큼 내 몸과 마음에도 쓰레기와 찌꺼기가 차 있었다. 집에 쌓여 있던 쓰레기를 치우면서 내 속에 쌓인 오물도 치우는 기분이었다. 이사는 신이 주신 기회였다. 다시는 그만큼 버릴 수 없을 거 같았다. 일생일대의 기회를 놓치지 않겠다며 기를 쓰고 물건을 비워 나갔다.

이사를 한 달쯤 앞두고, 지긋지긋하던 집에 애정이 생겼다. 20년 된 아파트. 누런 때가 찌든 벽지와 몰딩, 베란다에 잔뜩 낀 곰팡이, 방 두 개엔 보일러가 들어오지도 않던 집이었다. 언젠가 떠날 집이라며 닦거나 고치지 않고 방치하면서 이사만 손꼽아 기다렸다. 그런데 지저분한 짐들이 치워지니 집이 새삼 넓고 쾌적해 보였다. 떠날 생각을 하니 조금 아쉬워졌다.

집에 있는 시간도 좋아졌다. 여백이 살아나는 공간엔 쉼이 들어왔다. 무엇보다 줄곧 허덕이던 살림이 조금씩 할 만해 졌다. 장난감 정리도 10분이면 되었고 바닥 청소도 15분 만에 끝났다. 냄비와 그릇을 줄이니 요리도 간소해졌다. 식기세척기의 도움을 받아도 애벌 세척에 칼, 수저, 젓가락, 플라스틱 용기는 따로 해야 해서 한 시간이 넘게 걸리던 설거지도 15분 이내로 마쳤다. 점점 시간이 남았다.

이사할 집의 인테리어를 급하게 수정했다. 소파며 거실 수납장, 김치냉장고까지 사려 했으나 텅 빈 양문형 냉장고를 보니 큰 냉장고가 필요 없음을 깨달았다. 김치냉장고는 사지 않기로 하고 양문형 냉장고는 필요하다는 곳에 기증했다. 400리터 일반 냉장고로 바꿨다. 거실 수납장을 사려던 마음도 접었다. 붙박이장에만 옷을 수납하기로 하고 원래 있던 큰 서랍장 두 개도 마저 팔았다. 1년간 혹사당한 12인용 식기세척기와도 이별했다.

청소에 열을 올렸다. 수전을 반질반질 씻거나 창틀의 찌든 때를 제거하고 싱크대에 눌어붙은 얼룩을 박박 닦는 등, 생전 안 하던 짓을 했다. 언젠가 떠날 거라며 방치한 집은 이사를 앞두고서야 애정 어린 관심을 받았다. 사는 동안 정을 붙여 주지 못한 게, 아껴 주지 못한 게 미안하고 아쉬웠다. 이렇게 치우고 쓸고 닦으면 그럭저럭 볼 만한데.

열심히 버리고 정리하는 나를 보며 부지런하다고도 한다. 명백한 오해다. 나는 '맥시멈 리스트'에 가깝다. 툭하면 사고 쟁이고 늘어놓고 어지른다. 조금만 방심해도 인터넷 쇼핑몰을 기웃거려 택배 상자가 쌓이고 집 안은 금세 잡동사니에 점령된다. 게다가 게으르다. 툭하면 멍 때리고 늘어지고 계획대로 하지도 않으며 순간의 욕구에 휘둘리며 오늘 할 일을 내일로 미룬다. 물건 소비만큼 시간 허비가 주특기인데 열정과 에너지를 빠른 시간 안에 모으고 불태우는데 재주가 있다. 그런데 이런 내가 버리기를 탈출구로 삼았다.

남편에게 불만이 쌓일 때, 아이에게 소리 지르고 싶을 때 백 리터 비닐봉지를 가져와 손에 잡히는 대로 쓸어 담았다. 남편은 있는지도 모르던 남편의 낡은 물건을 몰래 버렸고 아이의 싸구려 장난감을 망설임 없이 주워 담으며 소심한 복수를 감행했다. 싱크대를 한바탕 뒤엎으며 언제 쑤셔 넣었는지 기억조차 나지 않는 플라스틱 용기와 비닐봉지, 오래된 식재료를 찾아냈다. '가족과도 잘 못 지내는데 이따위 물건이 무슨 의미야'라고 기준을 잡으면 못 버릴 게 없었다. 필요, 불필요가 명확해졌다. 그렇게 하나씩 치우다 보면 끓어오르던 속이 가라앉았다. 마음의 쓰레기는 손에 잡히는 쓰레기와 함께 까만 봉투에 담겼다.

예측 불가능한 인생에서 내 뜻대로 되지 않는 일상에서 집의 서랍과 옷장과 싱크대는 유일하게 내 힘으로 온전히 장악할 수 있는 물리적 공간이었다. 착착 제자리 찾아 얌전히 앉아 있는 사물을 보면 네모난 공간만큼 마음의 평화가 찾아온다. 더 이상 어디에 무엇이 있는지 찾아 헤매지 않아도 된다는 명확함은 편리성과 효용성뿐 아니라 뿌연 삶도 선명하게 인식시켜 주는 착각을 일으킨다. 나는 그 안에서 잠시, 안도한다.

물건이 어느 정도 비워지자 더 게을러졌다. 가사 노동에 쓰이는 시간이 줄었고 노력 대비 효과가 커지며 빈둥대는 여유가 늘었다. 전처럼 죄책감이 들지도 않는다. 전엔 할 일 쌓아 두고 발 동동 구르며 딴짓에 몰두했다면 이제 최소한의 움직임과 최소한의 동선으로 할 일을 끝내고 떳떳하게 논다.

사람마다 저마다 물건을 버리고 비우고 줄여 가는 이유가 있을 것이다. 못 버린다면 아마 아직 물건들을 감당할 능력이 된다는 증거, 무리할 필요는 없다. 물건에 치여 허덕이던 나는 물건을 줄여 가며 성취, 희열, 쾌락을 맛보았다. 몸 안에 감정의 잡동사니가 쌓여 근질근질할 때마다 물건을 비워 낸다. 한바탕 굿판 벌이듯 화형식을 치르고 나면 속이 개운해진다. 그러고 다시 게으름에 탐닉한다. 단순하게 살기는 언제나 진행형이다.

주택살이의 낭만과 고생

대지 70평, 건축 면적 14평의 이층집. 경기도 외곽, 시가지에서 차량 십여 분 거리, 산 밑의 작은 마을에 우린 집을 지었다. 공사 기간은 3개월이면 충분하다 했으나 시행사의 자금 부족으로 공사는 계속 연기되었고, 반년이 더 지나 10월, 가까스로 입주했다.

이 집은 남편과 내가 십 년간 쉬지 않고 일해 온 성과였다. 2000년대 중반, IT 산업 호황기에 우리는 졸업과 동시에 취업했고 근면 성실한 정규직 노동자로 경력 공백 없이 일했다. 결혼 후 바로 아이를 가지지 않았고 통장을 합치고 매달 지출을 통제하면서 자산 증식에 몰입했다. 2년마다 이사를 반복하던 끝에 서울에서 한참 내려온 경기도 구도심 근처에 드디어 내 집을 마련했다.

지인들을 주말마다 초대했고 그들은 우리의 업적을 치하해 주었다. '그동안 애만 키운 게 아니야!' 나는 아이 키우기 말고는 아무 일도 할 수 없던 날의 억눌렀던 욕망을 집을 통해 실현하고자 했다. 종일 쓸고 닦고 정리하며 집과 연애했다. 오후가 되면 노랗고 긴 햇살이 들어오고 마당에 널어놓은 빨래가 보송보송 말라 가는 집. 손길대로 여미고 펴지는 집 안에서 고요히 커피 한잔 마실 때면 아늑함, 편안함, 자부심이 스며들었다. 불쑥 치고 올라오는 공허함 정도야 살짝 밀쳐 두면 그만이었다.

사건이 터지기 전까진 모든 게 좋았다. 두 달의 평화였다. 갑자기 내린 눈에 월동 준비로 분주하던 무렵 날벼락이 떨어졌다. 시행사의 파산 선언. 자금 부족으로 부도 위기라는 거였다. 입주는 했어도 아직 외부 공사가 남아 있었고 준공을 받지 않은 상태였다. 법적으로 집을 '점유'한 상황이지 '소유'하지 못했고, 집은 시행사가 담보 대출을 받은 은행 것이었다. 그래서 최악의 경우 집과 토지가 가압류되어 경매에 넘어갈 수 있었다. 우리가 이 집에 들인 돈만큼 비용을 치러야 집을 찾을 수 있다는 말이기도 했다. 있어서는 안 되는 일이었지만 일어날 수도 있는 일이었다.

싸늘하게 얼어붙은 겨울이 지나고 있었다. 숫자와 공문서만 보면 뇌의 전원이 꺼져 버리는 나는 나흘을 내리 식음 전

폐로 누워 있었다. 그러다 우는 아이를 보며 간신히 일어났다. 집 앞에 쌓인 눈을 쓸고 길을 녹이느라 아이 밥을 해 주느라 나자빠져 있을 수 없었다. 그 와중에도 하나씩 밝혀지는 공사 업체의 만행은 상상을 뛰어넘었고, 고구마 줄기처럼 문제들이 끝없이 나오는데 어디까지 뿌리가 뻗어 있는지 감을 잡을 수조차 없었다.

왜 우리에게 이런 일이.

세상을 원망했다. 불행은 복불복이었다.

계절의 변화는 또 급습했다. 누런 잔디 위로 연두색 새싹이 돋아났고 어디선가 날아온 꽃씨는 팡팡 망울을 피웠다. 마당은 잠깐 눈 붙이고 일어난 사이 하얀 냉이꽃으로 뒤덮였다. "잔디밭이 아니라…… 꽃밭이 됐네?" 넋 놓고 있는 나를 보고 이웃들은 잡초를 뽑으라고 말해 줬다.

무엇이 잡초이고 무엇이 잔디이며 무엇이 꽃인가. "잔디가 아닌 건 다 잡초야!" 질경이, 쑥, 씀바귀, 냉이, 제비꽃, 민들레, 야생화일 수도 약초일 수도 있는 풀들도 잔디가 아니니 잡초였다. 시멘트 바닥, 얇게 깔린 거친 모래에도 뿌리박는 놈들. 아무리 가물어도 쑥쑥 자라는 성장력. 조금만 방심해도 질긴 뿌리를 깊고 넓게 뻗치며 세력을 확장하는 잡초.

발본색원(拔本塞源). 잡초를 캘 때 명심할 말이다. 잡초의 뿌리는 강하고 질기므로 자칫하다가 밑동만 똑 끊어 버리는 수가 있는데 그러면 말짱 소용없다. 살살 흙을 걷고 중심이 되는 뿌리의 끝을 찾아낸 후 조심스럽게 흔들며 쑤욱 뽑아내야 한다. 그래야 그 자리에서 다시 잡초가 자라지 않는다.

잡초 캐는 일은 고되었지만 빠져들었다. 쪼그리고 앉아 하염없이 잡초 뿌리를 뽑으며, 빠지지 않는 뿌리는 호미로 사정없이 두들기고 짓이기며, 잡초의 머리채를 쥐어 잡아 뜯으며, 우리 집을 이 꼴로 만든 인간들을 떠올렸다. 면전에 대고 욕 한마디 못하고 애꿎은 잡초만 팼다. 잡초라도 쥐어뜯어야 했다. 호미질을 하다 보면 한 시간이고 두 시간이고 무작정 흘렀다. 허리 펴고 둘러보면 뽑은 잡초는 수북한데도 겨우 반 평밖에 못 했다. 마당은 다섯 평. 막막해졌다.

잡초 뽑다 꽃 구경하다 봄 지나고 여름이 되었다. 두 달 넘도록 이어진 가뭄에 심은 화초가 죽지 않게 매일매일 물 주기가 일이었다. 그래도 주택의 여름은 좋았다. 아이는 마당 물놀이장에서 발가벗고 놀았다. 친구들을 초대하고 노는 아이들을 보며 맥주 한잔할 때면, 고사리손으로 블루베리를 따 입 안에 쏙쏙 넣는 모습을 볼 때면, 그래도 잘 왔다며 주택 생활을 찬미했다. 작고 매운 산모기, 수시로 창궐하는 온갖 벌레의 습격 따위는 여름의 낭만을 죽일 수 없었다.

하지만 처음 겪는 주택살이는 매번 우리의 상상을 뛰어넘었다. 지루하던 가뭄이 끝나고 속수무책 쏟아지던 길고 긴 장마가 이어지던 어느 하루, 천둥 번개를 동반한 태풍이 불던 날이었다. 아파트에 있었다면 까마득하게 들렸을 천둥소리가 생생하게 집을 흔들었다.

번쩍! 나는 봤다. 아이도 봤다. 콘센트 하나에 불이 붙었고 파편이 방 안으로 날렸다. 아이는 놀라서 나에게 달려와 안겼다. 바들바들 떨었다. 그리고 정전. 집 안의 모든 전원이 꺼졌고 암흑천지가 되었다.

"지금 우리 벼락 맞은 거야?"

남편이 급히 두꺼비집 전원을 내렸고 촛불을 켜고 세 식구가 꼭 끌어안았다. 천둥과 번개가 이어졌다. 우루루루 쾅! 집이 흔들렸고, 그다음엔 번쩍! 우루루루루 쾅! 산 아래에 자리 잡은 작은 이층집은 계절의 변화만큼 천둥과 번개도 온몸으로 맞이했다. 비가 잠시 그치고 뇌우가 물러갔을 때 전원 스위치를 눌렀다. 집 안의 모든 전등이 나갔고 인터넷 연결도 끊겼다.

지루하고 긴 장마였다. 벼락처럼 찾아온 사건도 길고 지루하게 끌고 있었다. 꼬인 실타래는 좀처럼 풀리지 않았다. 우리가 감당해야 할 비용은 점점 올라갔다. 설거지하다가도 눈물이 똑 떨어졌지만 주택살이는 울적할 틈을 주지 않고 할 일을 선사했다. 주택살이 10개월. 우리 집은 아직도

'우리 것'이 아니었다. 하지만 우선은 벼락 맞은 집부터 고쳐야 했다.

마당 있는 주택에 산다고 하면 부럽다고 한다. 우리 집 사정 일일이 말할 수도 없으니 살고 싶으면 오라고 대답한다. 교통, 편의 시설, 학군 포기하고 외곽으로 나오면 아파트 전세보다 싸게 집 짓고 살 수 있다. 그러나 누구 하나 선뜻 실행하지 못한다. 사람들은 주택의 단점이 무엇인지 이미 잘 알고 있다. 남들 다 알았는데 우리만 몰랐다.

주택 관리가 만만치 않다는 말에 각오는 했지만 보수, 수리 공사가 끝이 없었다. 집 청소와 요리를 줄였지만 마당 일이 늘어났다. 정원 만들고, 나무 심고, 펜스 가림막 설치하고, 보일러실 고치고 방범창과 대문도 달아야 했다. 내 손으로 하지 않아도 일은 일이었다. "3년 넘어도 공사 중이야." 이웃들의 말을 종합해 보면 주택에 사는 한 집 고치기는 계속될 거 같다.

잡초 뽑고 화초에 물 주다 보면 두어 시간 후딱 가고 아파트처럼 전화하면 달려오는 관리인도 없으니 자잘한 수리부터 재활용 쓰레기의 철두철미한 분리수거까지도 일일이 해야 했다. 수시로 드나드는 돈벌레와도 소소하게 추격전을 벌이고, 길고양이가 싸 놓은 똥도 치워야 한다.

짐은 다시 증식했다. 마당 관리 물품부터 늘어 갔다. 삽,

곡괭이, 눈삽, 빗자루, 결국엔 잔디깎이까지. 억눌렸던 소비 욕구가 풀리며 정원용품부터 소소한 생활용품까지 필요라는 명분으로 사기 시작했다. 그러나 물건을 사들이는 속도만큼 나는 집안일에 부지런하지 못했고 마당과 집을 방치했다. 집안일만큼 하루만 소홀해도 확 티가 나는 바깥일.

살아 보니 알겠더라. 계절마다 꽃 가꾸고 텃밭에 채소 키워 먹는 재미야말로 마당 있는 집의 특혜지만 이것도 집 가꾸기 좋아하고 집에 머무는 시간이 긴 사람들이나 즐기며 할 수 있지 늦게 퇴근하는 남편. 애 하나 보기도 허덕이는 나에겐 부담이었다. 토마토, 고추, 파프리카, 바질 키워 싱싱할 때 먹는 맛이 있긴 해도 노력과 시간이 만만찮았다. 꽃만 키우고 먹는 작물은 사 먹으라는 이웃들 말을 좀 들을걸.

우리에겐 역세권 아파트가 더 낫지 않았을까. 낡고 답답한 아파트라고 해도 출퇴근 시간은 줄었을 테고 그러면 남편은 아이와 더 시간을 보낼 수 있었을 테고 청소하고 보수하느라 주말이 바쁘지 않았을 텐데. 왜 그럴듯한 주택의 풍경만 상상하고 유지하는 노동은 고려하지 못했을까.

전에 살던 동네에 갔다. 서울 강북과 강남까지 40분 만에 도달하는 교통편, 설렁설렁 걸어가면 닿는 맛집과 카페. 크고 작은 공원과 마트, 백화점과 병원. 답답한 아파트 숲이라며 혀를 찰 땐 언제고 나는 이곳을 그리워하고 있었다.

주택으로 이사 온 두세 달은 황홀했다. 그러나 시행사의 파산으로 인해 피 말리는 나날이 이어지고 지불 비용이 늘면서 집 지은 것을 후회했다. "괜히 왔어. 집 안 지었다면 이런 일도 안 당했을 텐데." 전에 살던 동네에 뒤늦은 미련도 생겼다. "그때 그 집을 샀어야 했어. 2년도 안 되어서 5천만 원 넘게 올랐다는데."

낮엔 사람 한 명 지나지 않는 고요한 마을에 파묻혀 지내다 보니 집 문제와 별도로 무료하기도 했다. 혼자 놀기의 달인이지만 흔하디흔한 카페 하나 근처에 없는 변두리 주택의 삶은 생각보다 적적했다. 아이 키우면서 외톨이가 되었지만 이제 아이가 어린이집에 잘 다니며 내 시간이 생겼는데도 갈 곳이 없었다. 친분이 있는 사람들은 서울에 살거나 예전 동네에 살고 있었다. 아무리 가까워도 차로 40분은 운전해야 했고 서울까지 가려면 편도 2시간은 잡아야 했다. 오후 3시까지 집에 돌아와야 하는 신데렐라인 나에겐 빠듯했다.

나는 종종 기업의 홈페이지에 들락거리며 구인 공고를 훑어봤고, 부동산 사이트에 들어가 훌쩍 오른 집값에 배 아파했다. 그곳에 살았더라면 더 많은 기회가 주어졌을 테고 다시 취업해서 능력을 펼쳐 보였을 테고 돈도 더 벌었을 텐데. 내가 뭘 못 하는 이유는 다 변두리로 나왔기 때문이라며 온갖 핑계와 변명을 갖다 붙였다. 몸은 산 밑의 주택에 있으면서 욕망은 도심 속 아파트 삶을 향했고 집 문제가 해결되지 않으면서 미련과 후회도 커졌다.

그러나 한가롭고 여유로워 보이는 교외 주택에 대한 동경도 포기 못 했다. 층간 소음 스트레스 없이 공기 좋고 경치 좋은 곳에서 아이를 뛰놀게 하고 싶었다. 아이들끼리 동네방네 몰려다니는 걸 볼 때면 이웃들과 친분이 쌓이며 반찬 나눠 먹고 같이 아이 봐주고 할 때면 마을살이 재미를 느꼈다. 다만 번거로움에 대한 지불은 하고 싶지 않은, 그러니까 낭만만을 소유하고 싶다는 허영은 어쩔 수 없었다.

어린아이 키우는 집마다 '단독 주택이 최고'라고 하면서도 실행하지 못하는 이유. 주택 관리의 번거로움, 학군과 교육 환경, 편의 시설 부재 등 못 올 이유는 많다. 무엇보다 집 지을 돈이 없다고 한다. 하지만 돈 없어서 못 짓는다기보다 돈 안 되어서 못 짓는다고 보는 편이 솔직한 이유가 아닐까 싶다.

남들 집값 오를 때 제자리. 알고 왔지만 막상 겪으니 속 쓰렸다. 특히나 변두리 주택은 팔고 싶어도 안 팔리고 팔려도 본전 이상의 수익을 거두기 어렵다. 지긋지긋하던 전세살이 청산하고 그토록 바라던 정주(定住)를 이루었지만, 환금성과 매매율이 좋지 않은 주택에 발목 잡힌 건 아닌지 불안했다. 향후 남편의 이직이나 아이 학교 때문에 이사 가고 싶어질 때 과연 적정 금액으로 매매가 가능할까 걱정도 됐다. 이 집에 뼈를 묻자고 농담하곤 했지만 말이다.

잃는 것만큼 주택살이는 많은 것을 줬다. 예전의 나는 집 안을 싫어했다. 어떻게든 밖으로 나갔다. 이사 오면서 갈 데 없는 고립 생활을 하게 되었는데 고립은 의외의 효과를 가져왔다. 글 쓸 시간을 확보했다. 도심지에 살았다면 일 벌이고 사람 만나고 뭐 배우는 재미는 있었겠지만 내가 하고 싶은 일, 나를 돌아보는 일에 집중은 못 했을 거다.

주말이면 핫플레이스로 나들이보다 마당 일에 분주해지는 이곳에서 내가 해야 할 일은 물건 비우기 이전에 삶의 우선순위 조정이었다.

아파트 삶의 편리함만큼 남는 시간에 다른 소비와 일을 가중했다면 주택에서 삶은 집 관리의 번거로움만큼 다른 영역을 줄인다. 툭하면 쇼핑몰 배회하며 물건 사던 시간에 호미질하고 잡초를 뽑는다. 문화생활 즐기며 맛집 가던 시간에 상추와 고추를 키우고 길가에 돌을 주워 화단을 만든다.

무엇에 가치를 둘 것인가. 주택살이는 소소하게는 취미에서 종국엔 집에 대한 욕망까지 바꾸라 했다. 남편과 나는 부자도 아니지만 빈곤하지도 않다. 우리를 둘러싼 환경은 우리를 중산층의 욕망으로 몰아세우고 부동산에 촉을 곤

두세우게 한다. 누구나 바라는 내 집 마련을 했어도 끝이 아니며 집이 얼마의 금전 가치를 하는지 예의 주시하고 재산을 집으로 불리기 위한 노력을 끝없이 해야 한다.

그런데 변두리 주택에 살게 되면서, 이 집에서 쉽게 나가지 못함을 인정하면서, 더 이상 부동산 사이트를 흘깃거리지 않게 되었다. 포기가 정확할지도. 집이 투자의 수단이 되는 사회에서 외곽의 주택은 그만한 가치가 없으니까. 돈 버는 집이 아니라 돈을 들이는 집이니까. 이상한 걸까? 아니, 쓸수록 가격이 하락하는 세상의 다른 모든 물건처럼 가장 비싼 물건인 집도 마찬가지 아닐까. 주택에 살려거든 그래서 이 질문과 만나야 한다. 나에게 집은 무언가? '투자 수단'인가, '주거 수단'인가. 만약 아파트값이 더 이상 오르지 않는 시기가 되면 마당 있는 집에 살고 싶지만 환금성이 없다며 쓴 미소를 지었던 사람들도 도심의 편리함을 포기하고 외곽의 주택으로 나올 수 있을까?

여전히 남은 미련이 마음을 들쑤셔 '괜히 왔나?', '잘 왔나?'를 반복하지만 한 가지는 확실하다. "이제 못 돌아가. 거기 집값 너무 올랐어." 포기할 구실이 생겨 다행이다.

잡다한 노동을 해내고, 흙을 밟고 서서 쏟아지는 햇볕도 마음껏 누리기. 고생과 낭만이 교차하며 그렇게 하루하루 보내다 보면 그을리는 피부만큼 익숙하던 리듬에서 조금씩 달라지며 이전과는 다른 우리가 될 거라 믿어 본다. 지금 바로 여기에서.

집에 들어온 지 1년 반, 우린 드디어 이 집의 '소유자'가 되었다.

나의 생존 전략, 가늘게, 길게, 느슨하게

개도 안 걸린다는 오뉴월 감기에 걸려 옴팡 고생했다. 여름 감기에 걸린다는 건 평소 체력 관리에 소홀한 탓이라 겨울 감기보다 손쓰기 어렵고 오래간다는데 내가 딱 그 짝이었다.

처음엔 편도가 붓고 열이 났다. 위험신호로 알고 푹 쉬었어야 했는데 그러지 못했다. 하룻밤 끙끙 앓고 땀을 쭉 뺀 걸로 열이 내렸다고 그새 못 참고 집 안을 종일 쓸고 닦았다. 다음 날 조금 회복된 틈을 타 마지막 힘 쥐어짜 밀린 원고를 썼다. 어린이집에서 돌아온 아이는 집에 들어갈 생각이 없고 마을을 해 질 녘까지 쏘다녔다. 결국 돌이킬 수 없는 지경으로 감기가 심해졌다.

푹 자고 일어나면 절로 낫곤 하던 걸 믿고 마음 놓은 게 잘못이었다. 설거지도 못 할 정도로 어지럽고 기운 없어 드러눕고 말았다. 그간 가까스로 조여 온 나사가 툭 풀려 버렸다.

이번뿐이랴. 지난 3년간 만성 피로가 내 몸의 디폴트값이었다. 활력 넘치는 몸이 낯설다. 반드시 어딘가 한 군데는 고장 나 있다. 지난번엔 원인을 알 수 없는 두드러기가 약 삼 개월간 온몸을 뒤덮었고 밤마다 긁어 대야 했다. 그전엔 비염이었다. 코가 막혀 잠을 잘 수가 없었다. 환절기가 되면 두세 달씩 기침도 멈추지 않는다. 끝이 아니다. 몸의 애매한 부위마다 돌아가며 염증이 생겼고 곪았다. 여기에 질염도 만성 질환으로 갖고 있고 소화 기능도 불량해서 치킨만 먹어도 체한다.

조금만 몸을 써도 관절이 아프거나 근육통을 앓아서 아이를 어린이집에 보내지 않고 데리고 있으면 삼 일 이내에 몸이 너덜너덜, 하루 꼬박 누워 있어야 기운을 차린다. 비타민 수액으로 긴급 처방을 받아도 그때만 반짝, 피곤해지면 또 앓았다.

원래 허약 체질이었냐면, 전혀 아니었다. 삼십 대 초반까진 매우 건강했다. 며칠 밤 꼴딱 새도 멀쩡했건만 지금은 계단만 올라도 숨이 차고 왕복 네 시간의 서울행만 해도 다음 날 누워 있어야 하는 저질 체력이 되었다. 달랑 애 하나 키우면서 직장에 나가지도 않으면서 출산 4년이 지나도록 골골 신세를 못 면하는 이유는 무엇인지 생각해 본다.

3년간 아이를 혼자 데리고 자면서 수면 부족에 시달렸다. 아이의 작은 뒤척임에도 깨다 보니 하루 네 시간 이상 깊은 잠을 잔 적이 없었다. 하루 이틀도 아니고 6개월, 1년, 3년째 이어지니 늘 멍하고 기운 없는 상태가 정상이 되었는데, 이 고통, 겪어 본 사람만이 알 터.

두 번째는 불규칙하고 부실한 식습관. 혼자 종일 집에 있으면 끼니를 거르기 쉽다. 기껏해야 유아식을 같이 먹는 정도고 밥을 잘 안 먹으려는 아이와 씨름하고 나면 내 밥맛은 뚝 떨어졌다. 그러다 허기지면 라면이나 빵으로 때우고, 밤엔 폭식했다.

지쳐 쓰러질 지경이라도 아이를 재우고 나면 이상하게 정신이 또렷해졌고 식욕이 솟아났고 그러면서도 가슴은 구멍 뚫린 듯 허전했는데 그걸 술과 야식으로 메웠다. 짜고 바삭한 치킨이나 쫄깃한 곱창, 매운 떡볶이로 속을 지졌고 차가운 맥주로 스트레스를 쓸어내렸다. 혼자 술 마시며 드라마 한 편 보고 있으면 누가 수고했다 한마디 해 주지 않아도 알딸딸하게 기분이 좋아져 제법 하루를 잘 보냈다는 착각에 빠져 잠을 청했다. 그리고 다음 날, 눈 뜨면 빈속에 믹스커피부터 타 마셨다. 카페인과 당으로 급속 충전하지 않고

선 하루를 버텨 낼 재간이 없었다.

한시도 가만히 있지 않는 아이를 쫓아다니는 데도 힘이 부쳤지만 다른 무엇보다 나는 사회적 단절, 고립, 외로움으로 병들고 있었다. 집에 매여 있는 건 새로 산 구두를 신은 채 종일 걷고, 맞지 않는 꽉 조이는 속옷을 입고 다니는 것 같았다. 예상보다 '경력 단절' 기간이 길어지며 무기력 병에 걸렸다. 뭘 하려 해도 부모님이나 남편 도움 없는 상황에선 지속할 수 없어서 결국 포기해야 했다. 커 가는 아이는 더없이 예뻤지만 나의 앞날도 정서적 교류가 전혀 없던 남편과의 관계도 우리 가족의 미래도 컴컴해 보였다. 좌절과 절망에 빠져 허우적대면서도 뭔가 하고 싶은 체력도 의지도 의욕마저 소진한 채 하루하루 속이 곪아 갔다. 패배감을 술과 믹스커피와 야식으로 손쉽게 위로했다.

노폐물은 차곡차곡 쌓여 염증으로 곪아 몸 여기저기에서 불쑥불쑥 나타났다. 예민해진 몸은 작은 공격에도 호들갑스럽게 반응하고 속수무책으로 주저앉았다.

어두운 터널을 지나 아이가 크고, 육아와 살림에도 나름 노하우가 생기며 조금씩 나의 시간이 생겨났다. 그래 봤자 하루 여섯 시간 정도였는데 망가진 몸을 회복하기보다 지난날을 보상받기 위해 조바심쳤다.

엉망이 된 집 안을 신들린 듯 정리했고 운동을 시작했고 디자인 아르바이트를 했고 글을 썼고 책 모임도 다녔다. 목표를 갖고 몰입하면서 정신적 스트레스는 많이 해소되었다. 오랜만에 만난 친구들은 얼굴색이 눈에 띄게 좋아졌다고 했다.

그런데 여전히 내 몸을 돌보진 못했다. 프리랜서의 삶은 그럴듯해 보이지만 실상은 너무 자유로워 망가지기 쉬웠다. 출퇴근이 없다는 건 언제 어디서든 일할 수 있음, 즉 일터와 집의 구분이 사라지면서 밤샘이나 휴일 근무도 많아짐을 뜻한다.

일감이 밀릴 때면 이랬다. 아이를 어린이집에 보내자마자 빠르게 집안일을 마치고 점심도 거르며 일을 하다가 아이가 3시 반에 집에 오면 일을 하던 감각이 채 사라지기도 전에 아이를 본다. 그러다 도중에 또 전화를 받고 틈틈이 급한 수정 사항을 처리해 내고 아이를 재우고 나면 다시 지친 몸으로 컴퓨터를 켜고 새벽까지 작업을 했다.

남편은 제발 일 좀 줄이라고 했지만 멈출 수 없었다. 누구 엄마로만 살다가 돈도 벌고 사람도 만나고 유식한 이야기도 나누니 이제야 사는 거 같은데 그만하라고? 한편 혹시 나는 자신을 들들 볶으며 살 팔자인가 싶어 씁쓸했다. 왜 나는 편히 쉬지를 못하지?

아이 낳기 전 나는 에너지가 넘쳤다. 한번 꽂히면 전력 질

주해야 직성이 풀렸다. 일을 계획성 있게 조금씩 나누며 하기보다 필받을 때 몰아서 하는 벼락치기 타입이다. 기운 좋던 어린 시절엔 잘 통했다. 몸과 마음의 에너지를 화르르 불태웠고 충전할 시간도 충분했다. 그런데 애 키우면서는 불가능했다.

몇 년째 하던 버릇대로 덤볐더니 과정은 벅차고 결과는 좋지 않았다. 낫지 않는 기침과 툭하면 찾아오는 몸살은 나의 능력과 한계를 말해 주었다. 어렸을 땐 주체 못 할 열정으로 치부할 수 있지만, 나이 드니 체력 관리, 시간 관리 능력 부실이 여실히 탄로 난다. 이제 꽂혀도 주춤하고, 달리려거든 걸어야 한다. 숨차면 바로 멈추어야 한다.

수영이나 필라테스와 같은 운동을 배우다 보면 강사들이 꼭 하는 말이 있다. "정말 못 하겠다 할 때, 한 번만 더 해 보세요. 그러면 그만큼 체력이 늘어나요." 그 말은 사실이겠지만 더 이상 나에겐 해당되지 않는 것 같다. 이 악물고 한 번 더 하다가 이 악문 채 쓰러진다.

무능력하다고 치부했던 건강 약자들을 다시 바라본다. 예전에 나는 엄마가 여기저기 아프다고 하는 소리를 건강 염려증이라고 여겼고, 누군가 건강상의 이유로 배려를 요구하면 표현은 안 해도 짜증부터 났다. 이제야 알았다. 정말 하고 싶어도 몸이 안 되면 못 하는 거란 걸. 몸이 약해진 후에야 겸손을 배웠다.

스쿠버 다이빙 자격증을 딸 때였다. 각자 주어진 산소통이 있다. 그 산소만큼만 바닷속에 있을 수 있다. 초보는 숨을 가쁘게 쉬고 작은 물살에도 허둥대기에 발을 세게 차서 산소를 금방 탕진한다. 반대로 익숙해질수록 호흡은 가늘고 길어진다. 바다에 더 오래 있을 수 있다. 이제 나에겐 전보다 더 작은 산소통이 주어졌다. 예전에 100이었으면 이제 50이고 그마저도 10은 남기며 살살 써야 한다. 응급 상황용이다. 한정된 산소를 가지고 최대한 아끼며 길게 써야 하는 상황이 지금 나 같다.

쌩쌩하고 씩씩한 열정으로 뭉쳤던 나는 이제 없다는 걸 대내외적으로 공표한다. 몸이 무리하지 않는 한에서 할 수 있는 것만 하기가 중요 지침이 되었다. '하면 된다' 보다 '되면 한다'로, 노력보다 적당히로. 근육을 이완한다.

전엔 열 가지 중 두 가지를 못 해도 속이 쓰렸는데 이제 열 가지 중 세 가지만 해도 후한 점수를 주기로 했다. '어제는 공기 청정기의 필터를 씻었고, 오늘은 현관 바닥을 쓸었다. 심지어 글도 한 장이나 썼다! 나 참 잘했다!'

길고 가늘게 사는 건 한때 비겁하고 구차해 보였다. 이제는 안다. 안일하고 게으른 태도가 아니라 생존 전략이다. 바닷속을 유유히 유영하기 위해서, 빠져나올 마지막 호흡을 위해서. 호흡이 가빠질 때마다 더 깊이 내려가고 싶을 때마다 나에게 주어진 산소의 양을 확인한다. 양이나 질보다 나에게 중요한 건 숨을 고르며 천천히 끝까지 가는 것이다. 툭하면 과속하려는 나, 의욕이 앞서는 나를 이렇게 붙잡아 본다. 가늘게, 길게, 느슨하게. 그래도 괜찮다.

4장

엄마지만 엄마가 아닌 채로

"엄마 역할에 몸서리칠 때마다 내 안에 끓어오르던 죄책감, 회의, 후회와 고통을 투명하게 바라보면서 비로소 가벼워질 수 있었다. 억압하고 거부할수록 뒤틀렸다. 그래서 인간이기에 이런 감정을 느낀다는 걸 인정하고 발화하기로 했다. 때론 가볍게 때론 진지하게. 말로 혹은 글로. 무겁게 옭아매던 후회와 그에 따른 죄책감은 자기 언어를 찾아가며 분해되었고 선명해졌다. 아이로부터 도망가고 싶을 때마다 도망가고 싶은 마음이 생길 수 있는 관계임을 인정하면서 도망가지 않을 수 있던 아이러니."

아이를 낳은 후 찾아온 지각 변동은 나의 일상을 송두리째 바꿔 놓았다. 어느 날 갑자기 되어 버린 엄마라는 삶, 엄마에게 요구되는 숱한 과업을 쉽게 받아들일 수 없어 발버둥 쳤지만 내가 도망칠 곳은 어디에도 없었다. 엄마이지만 엄마로만 살고 싶지 않았던 몸부림의 기록.

변해 버린 모든 것

예전에 나는 잘 웃고 농담도 잘했다. 매사 긍정적이었다. 친구들은 칭찬인지 욕인지 해맑아서 웃기다고 나의 덤벙대고 허술한 면을 감싸 주었고 나 역시 타인에 제법 너그러운 여유가 있었다. 작은 말에 파르르 떨 만큼 예민하지도 않았고, 매사 정색하며 따지지도 않았다. 무엇보다 이 정도면 괜찮은 사람이라는 나에 대한 믿음이 있었다. 그러니까 매일 두세 시간마다 수면을 방해받기 전까지, 한 입 더 먹이기 위해 갖은 재롱을 부려야 하기 전까지, 이빨을 강제로 닦아 줘야만 하는 과제를 만나기 전까지만 해도 말이다.

재울 시간도 다가오고 양치도 해 줘야 하는데 이 녀석은 내 손을 요리조리 빠져나간다. "자 이빨 닦자." 책으로도 '타요' 영상으로도 꼬셔 보지만 다문 입을 열지 않는다. 아~

해 보라면 오~ 하고, 혼자 할 거라고 해서 기다리면 칫솔 거꾸로 쥐고, 치약을 묻혀 주면 쪽쪽 빨아 먹는다. 앞니 충치는 이미 상당히 진행되어 잘 닦지 않으면 삭을 수 있다고 했다. 어제도 못 닦아 줬는데 시간은 재깍재깍 흘러간다. 다시 한번 웃으며 꼬셔 본다.

"아아아~ 저기 벌레가 한 마리 남아 있는데! 그거 잡아야겠다아아아아! 한 마리~ 두 마리~."

녀석은 입술을 뾰족이 내밀고 고개를 휙 돌려 버린다.

"이거 하고 할 거야!"

레고 조각을 집어 든다. 30분째 실랑이다. 머리는 이글이글 속은 부글부글. 오만 방법 다 써도 소용없다.

"야! 너 이리와. 안 되겠다!" 도망치는 아이를 거세게 잡는다. 녀석의 두 다리를 내 가랑이 사이에 끼워 넣어 압박하고 작은 두 손을 내 왼손으로 움켜잡아 결박한다. 강제로 칫솔을 입 안에 쑤셔 넣었다. 아이는 비명에 가까운 고함을 질렀다.

"그러니까! 엄마가! 이빨 닦자고 할 때 잘 닦으면 내가 이러냐고? 어? 어?" 우는 애가 불쌍하기는커녕 너는 혼나도 싸다는 생각에 물끄러미 본다. "그러니까 말 들었어야지!" 분노의 칫솔질을 마친 아이는 숨을 제대로 쉬지 못할 정도로 끄억끄억 울었다.

낯선 나였다. 한창 떼를 쓸 무렵엔, 조금이라도 울먹거릴 기세가 보이면 아이를 향해 다그쳤다. "울지 마. 울지 말라고!" 그러면 아이는 질세라 울음을 터트렸고 나는 더 크게 소리를 질렀다. "울지 말라고 그랬지!" 탁자를 탁! 내리쳤다. 밥 안 먹고 바나나우유만 달라는 아이 앞에서 보란 듯이 우유갑을 가위로 찢어 버린 적도 있다. 예전에 알던 내가 아니었다. 내 안에 잠자던 괴물은 수시로 아가리를 벌렸다.

남편에게 전화를 걸었다. 밤 12시, 받지 않는다. 또 건다. 받지 않는다. 부재중 열네 통. 어디 오기만 해 봐라. 불 다 끈 주방 식탁에 앉아 음산하고 처연하게 맥주를 홀짝였다. 문이 열렸다. 남편을 째려봤다.

"전화, (약간의 침묵) 왜 안 받아?"

아이가 깨서 울지 않았더라면 호러 영화 찍었을지도.

어쩌다 남편이 같이 있는 저녁에도 멍하니 스마트폰 게임을 하고 있거나 축축하게 젖은 수건을 방바닥에 둔다거나 분리수거해 달라는 말을 건성으로 듣고 며칠씩 둘 때면 불이 점화되어 버렸다. "그것도 못 해 줘? 진짜 몇 번을 말해야 하는 거야!" 내 안에 피곤까지 더해질 때면 사소한 잘못만 보여도 속에서 열이 났고 입으로 불을 뿜어 댔다.

아이가 없을 때도 종종 싸웠지만 대부분 해피엔딩이었다. 우리 둘 다 몇 년 사이에 확 이상해져서는 아닐 거다. 전엔 아무리 싸우더라도 오해와 섭섭함이 풀릴 때까지 이야기를 나누었다. 나는 눈물 콧물 범벅되어 울먹였고 그는 눈을 반쯤 감고 있긴 해도 끔벅거리며 내 손을 잡아 줬다. 노력하자며 다독거리고 잠을 청했다. 아기가 태어난 후 이런 의식을 치를 수 없었다. 사소하게 쌓인 서운함은 산처럼 커졌다. 남자의 썰렁한 농담을 재치 있게 받아치던 여자, 남자를 웃기던 발랄한 여자는 이제 없다.

육아(育兒)는 육아(育我), 아이를 키우는 건 나를 키우는 일이기도 하다는 글을 접할 때마다 믿을 수 없었다. 아이 없을 때 얼마나 망나니였길래! 나에게 일어나는 변화는 도저히 성장이라고 볼 수 없었다. 퇴행에 가까웠다. 그동안 보이지 않던 아이들과 엄마들 입장에 설 수 있게 되었고 누군가의 배려나 노동을 당연하게 여기지 않게 된 점에서 눈치도 생기고 철도 들었지만 이런 것이 성숙의 전부라곤 할 수 없었다.

몇 달, 혹은 몇 년간 잠 못 자 체력과 판단력은 흐느적거리는데 그 와중에도 기 쓰면서 누군가의 쉴 새 없는 요구를 들어주고 소통 불능까지 겪으면 어떻게 되나. 나 같은 보통 사람은 인격이 파괴된다.

말 잘 통하고 교양 있는 사람들만 만나면 언제까지고 성격 좋을 수 있다. 그런 상황에선 누구나 유머 넘친다. 많이 듣고 배우며 나날이 성장하는 기분을 만끽할 수 있다. 왜 양말을 뒤집어 아무 데나 벗었냐, 왜 대변 보고 환풍기를 틀지 않았냐며 자아가 쪼그라드는 쪼잔한 잔소리를 하지 않을 수 있다면, 제발 한 입만 더 먹어 달라 사정하지 않을 수 있다면, 밑도 끝도 없는 생떼를 상대하지 않는다면, 어찌 고상하지 않을 수 있으랴.

방해 세력 없는 평화 속에선 누구나 훌륭해 보일 수 있다. 엄격한 금욕을 하면서도 형형하게 빛나는 눈빛과 맑은 영혼을 유지하는 누군가 있다면 그 옆에 어린아이가 없기 때문일 거다. 치졸한 바닥과 만나지 않아도 되는 운이 주어졌을 뿐이다. 자신의 바닥은 극한 상황 속에서 보이기 마련이니까. 그러니까 이게 더 슬프다. 생존권과 소통권이 박탈되는 상황에서 드러나는 인격이야말로 그 사람의 진짜 됨됨이라면 너무 절망적이다. 차라리 평생 모르고 살고 싶다.

육아를 통해 더 나은 인간이 된다, 성장한다는 말은 시련의 경험이 인격 성숙에 반영된다는 믿음에서 나온다. 하지만 고통을 통해 배우려면 성찰이 있어야 하고 성찰은 시간과 공간의 여유가 주어질 때 가능하다. 한 발짝 떨어져야 보인다. 고생을 성찰할 여유 없이 눈앞에 닥친 일만 처리하다 보면 경험을 숭배해 버린다. '나도 이렇게 고생했으니 너도 고생해야 안다', '애 낳고 키워 봐야 사람 된다'와 같은 말에 의문을 품어 볼 여지도 없이 받아 적게 된다. 이게 성장이고 성숙인가.

나에게 육아는 자기 소멸에 가까웠다. 나란 인간은 모래성처럼 허물어져 갔다. 그래서 누군가에게 자기를 완벽히 비우고 싶으면 육아를 해 보라고 권했다. 하지만 비움은 지워짐이 아니다. 자기라는 틀을 유지한 채 욕망을 비워 가는 것과 나를 지탱해 온 틀이 사라지는 걸 무기력하게 지켜보는 건 다르다.

변해 버린 많은 것엔 그렇게 소멸해 가는 내가 있었다. 엄마이기 전에 한 사람으로서 나, 그리고 예전의 나는 분명 사라지고 있었다. 이미 변해 가는 나에게서 예전의 나를 고스란히 건지는 게 과연 가능할까. 밝고 쾌활하던 예전의 내가 무척 그립지만 아무리 노력해도 돌아갈 수 없다는 걸 안다. 신체가 달라졌고 가치관이 달라졌는데 어떻게 돌아가겠는가. 지워진 나를 대신해, 괴물을 만나 버린 심연에서 새로운 내가 잔잔히 차오르기를 기다리는 수밖에.

잃어버린 유머감각을 다시 살려 내자고? 아이를 낳고 죽었다가 다시 뱀파이어로 살아난 '트와일라잇'의 '벨라'에 버금가는 부활이 있어야 가능하다고 본다. 유머감각이란 노력한다고 샘솟지 않는다. 대상이나 상황을 장악하면서도 거리 두기와 관조가 가능할 때 생긴다. 거기에서 관대함도 생겨난다. 또 나락으로 떨어질 때조차도 자기를 객관화할 수 있는 체력, 그러니까 그놈의 체력이 남아 있을 때 가능하겠다. 지금 나에겐 어렵다. 이왕 이렇게 된 거, 아무리 사는 게 팍팍하고 아무리 내 경험이 대단했어도, 경험을 진리인 양 읊어 대는 '꼰대는 되지 말자'로 방향을 잡아야겠다.

엄마가 된 이유

서른에 결혼했고, 서른넷에 아기를 낳았다. 삼 년 넘도록 아기를 일부러 갖지 않았다. 일을 더 하고, 돈을 더 모으고, 여행도 많이 다니고 싶었다.

좋은 소식 없어? 아이 소식을 묻는 안부 인사를 가족, 친구, 동료, 만나는 사람들에게 과장 없이 수백 번 들었다. 신혼부부에게 물어볼 말이 별건가. "올해는 아니지만, 내년쯤엔 가지려고요"라고 대답했다. 아이를 갖지 않겠다는 말이 아니었으므로 아이를 못 가진다는 말이 아니었으므로 듣는 사람들은 안심했다. 내년은 매년 갱신되었다. 내년이 되면 다시 "내년에 가지려고요"라고 대답했고, 또 내년이 되면 "내년에 가지려고요"라고 대답했다.

결혼한 지 삼 년, 친구들의 임신, 출산 소식을 줄줄이 듣던 남편이 조바심을 냈다.

"작년에도 내년이라고 말했는데, 왜 올해가 되었는데도 내년이라고 말해야 해?"

"다들 왜 아이 안 가지냐고 물어본단 말이야!"

나는 궁지로 몰렸다. 아이를 아예 갖지 않겠다는 굳은 의지도 없었지만 아이를 가지고 싶다는 강렬한 바람도 없었다. 시간이 흘렀을 뿐이다. 출산한 친구들은 더 늦기 전에 결정해야 한다고 말했다. 꾸물대다가는 노산이 되고 마음먹는다고 아이가 당장 생기지 않는다고. 임신이 안 되면 일부러 갖지 않은 걸 후회할 수 있다고도 했다.

'낳긴 낳을 건데 지금은 아니야.', '더 늦으면 후회할까?' 갈팡질팡 휘둘렸다. 아기를 낳아 보고는 싶었다. 여자로 태어나 임신, 출산을 못 해 보면 왠지 억울할 거 같았다. 여성에게 주어진 재생산 능력을 축복이라 여겼다. 딱 거기까지였다.

엄청난 책임과 구속은 애써 외면했다. 내 몸이 어떻게 바뀌는지, 신체적 고통이 얼마만큼인지, 어미로서 아기를 먹이고 키우는 일이 무엇인지, 누군가의 엄마로 평생 살아가야 한다는 어마어마한 변화가 내 인생을 얼마나 잠식할지 감히 상상 못 했다. 알았다 해도 믿기 싫었다. 누군가 겁을 준다 해도 모든 걸 포기하고 오로지 엄마로 살아가는 삶? 나에겐 해당 없을 거라 자신만만했다.

그러면서도 단 한 번도 엄마가 된 나의 모습을 그려 본 적은 없었다. 아이들이란 시끄럽고 제어가 되지 않는 귀찮은 존재. 다가오면 어색하게 웃어는 주겠지만 어떻게 대응해야 할지 모르는 먼 별에서 온 외계인. 돌볼 줄도 몰랐고 놀아 줄 줄도 몰랐다. 갓난아이의 달콤한 냄새, 반짝이는 솜털, 뭉실뭉실하고 보드라운 피부가 얼마나 특별한지, 바보 같은 혀짤배기소리 주고받고, 과장된 몸짓으로 뛰어다니는 재미도 몰랐다.

아이들을 좋아하지도 않고 엄마가 된 모습은 상상한 적도 없고 부모로 사는 삶이 무언지도 모르던 나는 아이를 갖기로 결심했다.

"누나가 결혼하고 애까지 낳을 줄 몰랐어."

남동생이 종종 하는 말이다. 툭하면 여행이나 다니던 자유로운 영혼쯤으로 보였나 본데 아니었다. 고등학교를 졸업하고 대학을 갔고 대학을 졸업하고 회사에 취직했고 결혼 적령기에 남자를 만나 결혼하며 인생 정규 코스에 착착 맞춰 살았으니 다음 단계로 가야 했다. "그 회사 한번 다녀 봤어, 힘들었지만 꽤 괜찮은 경험이었지"라는 말처럼, "애 한번 낳아 봤어, 말할 수 없이 가치 있는 일이야"라고 말하며 어른 행세하고 싶었다. 더 이상 소모적인 연애를 하지 않아도 된다는 안도감이 결혼 후 찾아왔듯, 자식을 낳아 가족을 완성시키는 숙제도 해치우고 싶었다.

나는 회사를 그만둔 후 프리랜서로 일하고 있었다. 삼 개월을 하루 18시간씩, 눈 뜨면 컴퓨터 앞에 앉아 잠들기 직전까지 파자마 차림으로 집에서 일했다. 프로젝트가 끝나갈 때쯤 몸은 황폐해졌고, 엄마는 이 와중에 임신하려면 몸 만들어야 한다며 용하다는 한의원에 데려가 보약 한 첩을 지어 주셨다.

"이 한의원 한약 먹고 임신한 엄마가 셋이래. 한 제 먹기도 전에 임신해서 다른 사람에게 줬는데 그 사람도 먹자마자 임신해서, 또 다른 사람에게 남은 걸 줬대. 아니나 다를까, 그 사람도 임신했다지 뭐야!"

한의원 약은 정말인지 용했다. 나도 한 제를 다 먹기도 전에 임신이 되어 버렸다.

너덜너덜했던 몸에서 자궁만이 유일하게 멀쩡했다. 근육과 신경은 내 행동을 제약했고 메슥거리고 기운 없는 임신 초기를 보냈다. 그래도 안정기에 접어들면서는 제법 임신 상태를 즐겼다. 임산부 대접받으며, 내 몫을 하고 있다는 충족감이 들었다. 기혼 여성들이 나를 자기들과 동급으로 인정해 주는 것처럼 느껴졌다. 부모의 세계에 속한다는, 주류에 들어왔다는 생각에 안심했다.

하지만 그 주류의 세계는 아이를 낳자 엄마가 된 대가로 모든 변화와 충격을 오롯이 혼자 감당하라고 했다. '네가 선택했잖아. 네가 원해서 낳았잖아. 너는 엄마잖아.'

벼락처럼 내리꽂는 의무와 책임 앞에서 낯선 물음은 수시로 고개를 들었다. 이미 돌이킬 수 없는 길로 와 버렸지만 가끔은 기어이 뒤돌아본다. 감히 물어서는 안 되는 질문을 시도한다. 내가 정말 아이를 바랐나? 엄마가 되고 싶었나? 내가 왜 아이를 낳았지? 실수가 아니었으니 계획이었겠지만, 나의 열망이었는지 아니면 결혼했으니 아이를 낳는 거라는 관습과 규범에 따른 건지 그 차이를 분간할 수 없었다.

엄마가 되어야 했던 이유, 되어 버린 이유는 복잡하고 다층적이다. 엄마가 되고 싶지 않았어도, 엄마가 된 자신을 단 한 번도 상상해 본 적이 없어도 어떤 여성들은 엄마가 되고야 만다. 강제적인 임신이 아니라 분명한 '선택'에 따른 거라 해도 그 선택의 이유를 잘 알지 못한다. 순전히 자유로운 개인의 선택과 결과라고 말할 수 없는 숱한 망설임, 인정, 처벌, 규제, 강요, 환상이 작용한다. 우물대고 꾸물거렸던 고민만큼이나 불확실하지만, 대놓고 말할 수 없는 선명한 이유들 말이다.

"애 낳는 게 힘든지 모르고 낳았어? 힘들어할 거면 왜 애를 낳았어?" 이렇게 묻는 사람들에게 나는 또렷하게 대답할 수 없다. 그리고 역으로 묻고 싶다. 모든 걸 나의 선택이라고 말할 수 있냐고. 우리가 마주해야 할 진실이다.

나는 엄마가 되기를 진정으로 바라는지, 엄마가 되면 어떤 결과가 올지 진실로 알지 못한 채 엄마가 되어 버렸다. 아이를 키우며 갖는 기쁨 자체에 대한 기대보다 엄마 됨으로써 얻어지는 인정이나 안정, 그 반대로 엄마가 되지 않은 채 살아가면서 겪을 참견이 두려워 엄마가 되어 버린 건 아닐까 생각해 본다. 숙고 끝에 낳기로 결정했다고 해서 100% 자발적이었다고 할 수 있을까.

엄마 역할을 훌륭히 하지 못해 하는 변명도 아니고 엄마로서 가질 책임감이 줄어들기를 바라는 회피도 아니지만 인정하기로 한다. 엄마가 되고 싶어서 엄마가 된 건 아니었다고, 어쩌다 보니 엄마가 되어 버렸다고.

퇴사라는 환상

12시 반. 사원증을 목에 건 직원들이 건물 밖으로 쏟아졌다. 나는 행여 아는 사람 만날까 고개를 푹 숙이고 스카프를 코밑까지 칭칭 감았다. 지나가는 이들의 바쁘고 경쾌한 걸음걸이, 깔끔하고 세련된 복장. 정성 들인 화장을 곁눈질했다. 전에 다니던 회사에 선배를 만나러 갔던 날. 반짝이는 통유리 건물을 올려다보며 부러운 한숨이 새어 나왔다.

'잠깐. 정신 차려. 그렇게 그만두고 싶어 했던 곳이잖아.'

지금으로부터 4년 전, 나는 퇴사를 했다. 아이가 있어서도 임신해서도 아니었다.

반복적인 일엔 금방 싫증 내는 편이어도 회사에서 하던 프로젝트는 매번 새로운 도전이었고 성취감도 높았기에 힘들어도 재미있었다. 그렇게 5~6년이 지나고 업무가 익숙해질 무렵 열정이 시들해지며 첫 번째 슬럼프를 만났다. 때마침 결혼을 했고 삶의 우선순위를 조정했다. 일만 바라보며 살았는데 가족을 이루자, 일에서의 성공, 회사로부터 인정 말고도 다른 가치가 생겼다.

두 번째 찾아온 위기. 2010년 아이폰이 한국에 상륙했고, 급변하는 기술력을 따라가지 못한 회사는 위기에 처했다. 침몰할 게 뻔한 배에서 가만히 기다릴 수는 없었다. 업계에서 가장 잘 나가는 회사로 이직을 감행했다. 낯선 조직과 인간관계에서 온 긴장감은 새로운 의욕을 불러왔지만 늦깎이 경력 공채로 입사해 능력을 인정받기 위해 발버둥 쳐야 하는 환경은 조직 생활에 대한 회의를 부추겼다.

의사 결정의 불합리함(높으신 분 마음대로), 학벌주의와 연줄 문화(낙하산 인사), 사내 정치의 치졸함이 눈에 들어왔다. 아무리 일이 좋아도 영혼까지 바치고 싶지는 않았는데, 기업의 인사 평가는 한 인간의 총체적인 업무 자세, 인간관계, 성격까지 스캔했고 3개월마다 조직 개편을 하며 직원들을 흔들었다. 오늘 점심을 누구와 먹어야 하나, 매일 고민했는데 점심시간 지난 것도 모르고 있다 자리에서 일어나 보면 주위에 아무도 없던 날들.

여자 직원들을 대하는 태도도 부당했다. 회사의 한 간부는 매출 위기라면서(주식 최고점을 찍어도 늘 회사는 위기였다)

직원들에게 "육아 휴직을 쓰려고 우리 회사에 온 거냐"라고 공개적인 비난 발언을 했다. 야근 할당제를 시행했고 임신한 동료들은 수당을 받지도 못한 채 밤늦도록 일을 했다. 육아 휴직 후 1월 1일에 맞춰 복직해 아무리 열심히 해도 승진에서 누락됐다. 아이가 없던 나는 그런 일을 나의 문제로 실감하지 못했고 저런 여자 직원이 되지 말아야겠다고 결심했다.

명함에 쓰인 나의 직업은 디자이너. 기업의 브랜드 아이덴티티, 웹 사이트, 사내 행사 포스터나 홍보 책자 등을 디자인했고 이 일을 좋아했지만 과도한 업무량과 크리에이티브에 대한 압박으로 괴로웠다. 사람들은 디자이너에게 예술가와 같은 감각을 요구하지만 동시에 기획이나 마케팅 부서에서 전달하는 아이디어와 문서를 '시각적으로 구현하는 기술자'로 취급한다. 학교에서나 사회에선 스타 디자이너들의 신화를 확산하고, '디자이너라면 마땅히 어떠해야 한다' 식의 정체성과 자의식을 강조하지만 제품 생산 프로세스의 작은 부품인 나 같은 일개 디자이너는 자아분열이 생길 따름이다. 서 있는 위치와 정체성을 서술하는 언어 사이의 괴리감 속에서 헤맸다.

회전율 빠른 업계에 있다 보니 실력 있고 감각 있는 젊은 디자이너들이 금세 치고 올라왔고, 중년이 넘어서도 일을 하려면 회사에서 디렉터가 되거나 아니면 창업을 해야 했다. 나는 디자이너들에게 인문학적 소양이 부족하다고 자각했고 공부하며 경쟁력을 갖추려 했다. 무작정 대학원에 가기보다 제도권 밖의 사설 아카데미나 인문학 공동체의 강좌를 평일 저녁이나 주말마다 들으러 다녔고 세미나를 만들기도 했다.

내가 하고 싶은 공부와 직장 생활이 충돌했다. 가까스로 정시 퇴근해서 한 시간 반을 버스와 택시로 달려 강의를 들으러 가고 자정 넘어 집에 들어오면서도 힘든 줄 몰랐지만 점차 그런 시간조차 허용되지 않았다. 더군다나 세미나를 하며 읽은 인문 고전은 자본주의 사회의 구조적 모순(!)을 파헤치며 믿고 있던 통념을 줄줄이 무너뜨렸기에 내 자리에 대한 회의와 의문이 자꾸 생겨났다.

한편 30대 중반을 향하며 아이 낳을 때를 대비해야 한다는 생각도 했다. 우리 부부는 둘 다 야근과 철야가 많은 업종에 근무했고 양가 부모님도 멀리 사셨다. 그런 상황에서 내가 직장에 다니려면 입주 도우미를 써야 했고 비용은 200만 원이 넘었다. 차라리 조금 덜 버는 대신 집에서 일하면 도우미 지출 비용도 없고 나도 아이를 돌볼 수 있으니 괜찮지 않을까? 동료 직장맘들도 내가 전문성 있는 '기술자'라 프리랜서를 할 수 있어 좋겠다며 부러워했다. 그러니까 나는 일하는 여성이 겪는 아주 흔한 함정에 빠지고야 말았는데 당시엔 나의 셈법이 매우 실리적이라고 믿었다. 내가 무엇을 잃었는지 알지 못했다.

육아를 잘하기 위해 일을 포기하는 건 아니었지만 앞으로 닥칠 출산과 육아는 딱히 퇴사할 구실을 찾지 못한 나에게 강력한 동기 부여를 했다. 아무에게도 직접적으로 말하지 않았지만 스스로에겐 너무도 확실한 이유였고 명분이고 방패였다.

조직 생활에 대한 회의, 일에 대한 비전, 공부를 하면서 생긴 의문, 장차 육아와 일을 어떻게 병행할지에 대한 고민, 모든 것이 겹치며 회사를 그만둘 이유에 도달했다. 일만 하면서 살고 싶지 않다. 삶의 균형을 찾고 싶다!

'월급 생활자', '회사 인간'이라는 갑갑한 옷을 벗고 어디에도 소속되지 않은 채 하고 싶은 일 골라 하며 만나는 일에 따라 명함도 직업도 바뀌는 유연하고 유능한 신체가 되고 싶었다. 먹고 살 걱정보다 원하는 일을 할 수 있다는 설렘이 더 컸다. 그렇게 나는 남들은 못 들어가 안달이던 회사를 제 발로 걸어 나왔다.

직장을 그만둔 후 강좌를 들으러 다녔고 세미나를 했고 글을 썼고 디자인 일도 했다. 백수가 과로사한다는 말처럼 갑자기 열린 무한한 선택의 자유를 만끽하느라 바빴다. 그 와중에 돈벌이에 대한 욕망은 습관처럼 고개를 들어 대기업 프로젝트를 덥석 받았다. 해 오던 일과 비슷해 부담도 크지 않았고 비용도 괜찮아서 시간 여유를 가지면서 돈을 벌 수 있지 않을까 내심 기대했다.

환상은 산산이 부서졌다. 나는 한순간에 갑에서 을, 아니 병, 아니, 정으로 추락했다. 대기업 S에서 업체 A에게 일을 주고 업체 A는 다시 소규모 에이전시 B에게 일을 나누고 에이전시 B는 나 같은 프리랜서를 고용하는 시스템이었다. 나에겐 A와 B 업체 두 장의 명함이 주어졌다. 자, 그토록 바라던 출퇴근 없는 자유로운 재택근무 시작.

아침 7시에 눈뜨면 세수도 하지 않은 채 잠옷 차림으로 컴퓨터 앞에 앉았고, 점심과 저녁은 라면이나 김밥으로 대충 때웠고, 시간 구애 없이 걸려 오는 전화를 받아야 했고, 새벽 한 시가 넘어서야 "몇 시간 후 봅시다"라는 인사와 함께 메신저를 로그아웃했다.

자유의 대가는 쓰디썼다. 일만 하고 싶지 않고 숨 쉴 틈을 갖고 싶다며 프리랜서의 삶을 선택했으나 일상과 집까지 온통 일에 잡아먹혔다. 회사 다닐 땐 출퇴근이 그리 곤욕이더니, 출퇴근하지 않는 삶도 좋진 않았다. 스마트폰 덕에 출퇴근을 통한 시공간의 물리적 분리가 큰 의미 없다지만 출퇴근으로 허비하는 시간 자체가 휴식임을 알았다.

어디에도 공식적으로 소속되지 않고 명함이 여러 개며 직업적 정체성으로 환원되지 않는 삶! 그런 삶은 없었다. 답답한 조직, 지겨운 월급 생활자에서 벗어나 만난 건 월급은 일을 더 해도 그대로지만 일을 덜 해도 그대로 받을 수 있었다는 엄정한 사실이었고, 이제 모든 책임과 결정, 결과를 온전히 나의 실력만으로 감당해야 한다는 뼈아픈 진실이었다.

그래도 친구들과 책 읽고 세미나 하면서 나름의 대안적인 삶을 찾고 싶다는 포부를 버리진 않았다. 정규직으로 하루 12시간 이상 일을 하지 않고도 지속 가능한 삶. 조금 덜 벌더라도 저녁이 있는 삶, 내 몸을 돌볼 수 있는 삶, 여백이 있는 삶을 모색하려 했다.

맞닥뜨린 현실은 이랬다. 소소한 생활을, 건강을, 관계를 소외시키지 않으려면 돈을 벌기 위한 일이 하루 6시간을 넘으면 안 되었다. 하루 4~6시간만 일하고도 살려면 부양가족이 없어야 하거나 생활비 지출이 적어야 했고 저축은 포기해야 했다. 아니면 고소득 전문직이어서 시간당 임금이 높다거나 가족 중 누군가의 소득이 많은 보탬이 된다거나 이미 모아 놓은 재산이 충분해 일이 취미와 노동 사이에 있어야 했다.

우리가 접하는 성공 사례들은 의외로 많은 세부 사항을 빠뜨린다. 그제야 나는 알았다. 내가 퇴사라는 과감한 단절을 선택할 수 있었던 이유. 당시엔 인정하지 않았지만 9년이란 경력, 풍부한 인적 네트워크와 포트폴리오, 배우자와 이룬 안정적인 가정과 자산이라는 보험이 있었기 때문이었다. 나는 방심했다. 그 동아줄을 있는 힘껏 움켜쥐어야 했다는 걸, 또 언제고 빠져나갈 구멍을 만들어 둬야 한다는 것도.

좋아하는 일이라면 하루 종일 그 일만 해도, 돈을 적게 벌어도 만족스럽지 않겠냐고 반문할지 모르겠지만, 아무리 좋아하는 일이라 해도 하루 12시간에서 16시간 쪼임과 평가를 당하면 괴로운 일이 된다. 이제 일과 삶의 균형을 넘어 일과 삶의 통합을 모색하는 시대라지만 자는 시간을 빼고 노동이 일상을 완전히 흡수해 버리는 방식의 일과 삶의 통합은 완벽한 기만이다. 기업들이 가장 바라는 근무 형태다.

석 달간 '정'으로 일한 경험은 예외가 아니었다. 앞으로도 일정한 수익을 내려면 그렇게 일해야 한다는 것을 암시했다. 일을 골라 하면 받는 돈이 시원찮았고, 큰 기업의 프로젝트를 받으면 물리적 시간과 영혼의 헌신이 필요했으나 벌이는 짭짤했다. 내심 당분간 두세 달은 빡빡한 돈벌이 노동, 두세 달은 여가와 공부를 병행해도 좋겠다며 타협하려던 차, 배 속에선 생명이 자라나고 있었다.

그리고 모든 계획이 어긋났다.

내가 빠진 함정

인생이 예측 불허라 좋았다. 예상하지 못한 사건을 만나 머뭇거리고 방향을 바꾼다 해도 금세 적응했다. 나의 바다는 넓었다.

언제까지고 그럴 줄 알았나 보다. 아기가 태어나자 달라졌다. 당장 10분 후 할 일이 틀어지고, 한 달 내 기다린 내일의 약속도 무참히 깨졌다. 내가 예찬한 삶의 예측 불가능성은 일상의 예측 불가능성으로 바뀌었다. 넘실대는 물결에 몸을 맡기며 유유히 즐길 겨를 없이 거세게 덮친 파도에 중심을 잃고 나도 모르는 해안으로 두둥실 떠밀려 갔다. 좌표를 잃었다.

늦어도 출산 1년 후엔 다시 나의 일과 공부를 할 수 있을 거라 믿었다. 짐작하겠지만 계획한 그 어떤 것도 3년 동안 하지 못했다.

작은 일감을 받기도 했지만 쓸 수 있는 시간은 오로지 밤이었고 새벽까지 일하면 다음 날엔 팔, 다리가 휘청거렸다. 아이가 어린이집에 정착한 후 시간이 좀 더 생겼지만 수정 사항을 반영하고 전달해야 하는데 오후 3시부터 밤까지 아이에게 붙들려 있으니 빨리 대응할 수 없었다. 같이 일하던 동료들에게서 걸려 온 의뢰 전화를, 때론 스카우트 제의를 맥없이 거절했다. 잊히지 않았다고 우쭐대던 것도 잠시뿐 간간이 오던 연락조차 모두 끊겼다.

세미나 모임도 그만두었다. 시간이 주로 평일 저녁이었는데 갈 수 없었다. 모임 공간으로 유모차를 끌고 가 보기도 했지만 한시도 가만있지 않고 가방을 다 쑤시고 다니는 아이를 지켜보느라 사람들 하는 얘기가 들리지 않았다.

일에서도 공부에서도 동료들에게 계속 거절하며 빚지는 기분이었다. 질질 끌고 있는 내가 한심했고 답답했지만 어떻게 풀어 가야 할지 몰랐다.

주부로서 육아와 가사에 전념하며 기쁨과 보람을 느낀다면 더없는 행운이겠지만 경험컨대 나는 아니었다. 매일 쓸고 닦고 치우고 씻기고 먹이고 재우기에서 벗어난 성취와 보상을 맛보고 싶었지만 아무리 안간힘 써 봐도 한 걸음 내딛기가 어려웠다. 매일 늦게 오는 남편, 비상시에 도움받을 가족 한 명 가까이에 없는 엄마가 육아가 아닌 다른 일을 한다는 건 불가능한 도전으로 보였다. 열정으로 타개할 수도 있었겠지만 나 홀로 육아로 체력도 의욕도 소진했고 결국 아무것도 하지 않기로 했다.

정신 차려 보니 너무 멀리 떠밀려 왔다. 나 여기 있다고 손을 흔들고 싶었지만 발이 떨어지지 않았고 모두 저만치 달려가고 있었다. 수시로 되돌려 봤다. 회사를 계속 다닐 걸 그랬나. 복직할 직장이 있었더라면 육아의 시간이 막막하고 불안하지 않았을까. 모든 건 나의 선택이었는데 왜 나의 선택 같지가 않은 걸까.

"그러게 뭐 하러 회사를 나와."

엄마는 툭하면 타박했다. 나는 소리쳤다.

"엄마가 도와주지도 못할 거잖아!"

동료든 친구든 아이가 어릴 땐 100% 친정이나 시어머니 도움을 받고 있었다. 99.9%도 아닌 100%였다. 도우미를 쓴다 해도 전적으로 도우미에게만 맡기는 경우는 없는 걸 보며 또 한 번 좌절했다.

『아내 가뭄』에서 애너벨 크랩은 여성들이 단념한 월급은 *"계산기로 두들긴 수치 이상의 거액"*이라 말했다. 우린 기꺼이 빚을 내어 자동차나 집을 사면서 왜 여성의 일에 대해선 그와 같은 투자를 하지 않느냐고 한다. 일을 그만둔

대가로, 경력을, 돈을, 관계를 모두 잃음을 너무 쉽게 간과한다.

나도 직장을 다니거나 일을 계속해야만 했던 걸까. 울면서 출근하고 심장 조이며 퇴근하면 남편과 더 싸우진 않았을까. 도와주지 못하는 남편과 친정 엄마 원망하며 혼자 육아와 회사 일을 짊어지는 날을 과연 버틸 수 있었을까.

도우미를 쓰며 회사 다니는 버전, 아프신 친정 엄마라도 모셔 와 회사 다니는 버전, 프리랜서로 일하며 밤새는 버전, 주말 부부 버전. 숱한 버전을 돌려 봤다. 이 악물고 하려면 하는데 지레 겁먹고 발 뺀 거라고. 일을 못 한다는 사실보다 '내가 일을 못 하는 이유'를 더 받아들이기 힘든 시간이었다.

나는 나를 경력 단절 여성이라고 생각하지 않았다. 출산과 육아로 피치 못하게 퇴사한 건 아니기 때문이다. 그럼에도 육아 때문에 결국 일, 관계, 공부를 손 놓았다. 육아 3년은 더없이 소중한 시간이었다. 그러나 그 시간은 한 여성이 직업적으로 성장해야 하는 가장 중요한 시기와도 겹친다. 출산과 육아를 통과하는 30대는 실무자로서 업무 능력을 가장 많이 발휘하고 인정받고 수익을 늘려 가는 때다. 남자들이 그러한 것처럼. 불행히도 육아 3년을 경력으로 인정해 주는 일자리는 어디에도 없다. 아이와 보낸 시간은 달콤한 추억을 남겼지만 대가는 잔혹하다. 가장 끔찍한 건 남편이 "그럼 네가 돈 벌어와"라고 말할 때마다 말을 잃고 꿀 먹은 벙어리가 되는 것이다.

3년이 지나 조금씩 숨통 트이며 자꾸 내려앉는 무거운 몸을 있는 힘껏 일으켰다. 뭐라도 해야 하니까. 디자인 작업을 거의 못 했지만 몸이 기억하리라 믿고 있었다. 아니었다. 프로그램 단축키를 잊어버렸고 해도 진도가 나가지 않고 뭘 해도 마음에 들지 않았다. 무엇보다 열정을 들이고 싶은 의욕이 솟아나지 않았다. 몸이 멀어지니 마음도 멀어졌다.

단절은 이런 거였다. 이전의 내가 될 수 없는 것. 전처럼 일할 수 있는 조건이 된다 해도 전혀 다른 성질이 되는 것. 단절은 상실이었다. 3년의 공백은 3년 동안 정지가 아니라 6년 전으로 돌아가서 실력과 관계의 재구축을 필요로 했다. 변화가 빠른 세상에서 정지는 퇴보이기 때문이다.

1년 만에 복직한 친구는 적응하는 데 1년이 걸렸다고 했다. 공기업에 다니며 매일 똑같은 업무를 반복하고 매년 달라지는 일이 없는데도 그랬단다. 하물며 하루가 다르게 새로운 제품과 서비스, 기술이 쏟아져 나오는 분야는 오죽할까. 내가 있던 자리는 예전 그 자리가 아니다. 3년간 기다려 주는 일자리가 있다 해도 실력과 일머리, 감각이 퇴보하고 자신감과 열정이 줄어든다. 세상이 더 이상 예전이 아니듯 나는 더 이상 예전의 내가 아니다.

회사 선배를 만났다. 5년 전 우린 책 모임을 함께했다. 선배는 지금에 와서야 하는 말이지만 그때 자기를 제외한 모임 구성원 모두가 아이가 없거나 결혼을 하지 않아 고민을 나눌 상대가 없었다고 토로했다. 그때 나는 일이 나에게 맞느냐, 조직이 얼마나 개인의 자율성을 억압하느냐, 자아실현 시간을 어떻게 확보하느냐 고민했다.

반면 직장 다니는 엄마들은 무사한 출근을 위해 발을 구르고 저녁이 있는 삶은커녕 집으로 다시 출근한 후 지친 몸으로 밥을 차리고 빨래를 갠다. 또 날이 밝으면 일하는 시간을 내기 위해 호된 전투를 치러야 한다. 이렇게까지 하면서도 일을 해야 한다면 그 일이 나에게 무엇인지 바닥에서부터 질문할 수밖에 없고 답을 찾기도 전에 이중 노동에 지친다. 그런 상황에서 일과 삶의 조화에 대한 애 안 낳아 본 사람들의 꿈같은 모색이 선배에겐 고담준론처럼 느껴졌을 만하다.

내가 모른 척했던 문제는 곧 나의 문제가 되었다. 집과 살림, 아이가 무겁게 잡아끄는 발걸음을 떼기 위해 일하는 시간을 얻기 위해 결혼 계약 존속을 걸고 싸워야 했다. 남편이 나만큼 육아와 가사에 대해 책임감과 죄책감을 가지기까지, '엄마가 아니면 안 돼'에서 '엄마가 아니어도 괜찮아'가 되기까지 사회의 가치관과 통념, 자식과 가족의 의미까지 모조리 낯설게 되물어야 했다. 그렇게 남편이 부엌에 있는 시간을 늘린 후에야 비로소 현관문을 가벼운 발걸음으로 나갈 수 있었다.

운전을 하던 중 라디오에서 나오는 공익 방송을 들었다.

"경력 단절 여성이 늘고 있습니다. 경력 단절 여성들이 다시 일할 수 있도록 일자리를 늘리고 제도적인 차원에서 보완해 가야 합니다. ○○방송이 경력 단절 여성을 위한 일자리 창출에 힘쓰겠습니다."

왜 여성들이 경력을 단절할 수밖에 없는지에 대한 고찰이 전혀 없는 빈말에 헛웃음이 나왔다.

엄마됨을 후회하면 안 되나요

아이와 두 번째 맞는 겨울이었다. 무사히 넘기나 했더니 기어이 폐렴에 걸렸다. 색색거리는 작은 몸을 내 몸과 합체시켜 견뎌 나갔다. 아이는 나의 돌봄으로 회복해 갔지만 만신창이가 된 내 몸을 보살펴 줄 사람은 없었다. 결국 멀리 사는 엄마에게 구호 요청, 엄마도 몸이 성치 않았지만 부를 사람이 없었다. 주방에서 쌀을 씻다가 눈물을 뚝뚝 흘렸다.

"이렇게 힘들 줄 몰랐어. 애 키우는 게 행복하지 않아." 엄마는 내 말을 잘랐다. "애 엄마가 그런 소리 하는 거 아니다." 볼살과 허벅지 살이 쪽 빠져 핼쑥해진 아이는 할머니와 까불대며 놀고 있었다.

아이는 사랑스럽고 이만큼 자라 주어 고마웠다. 행복해야 마땅하지만 뼈가 바스러지는 체력 저하와 그만큼의 자존감 붕괴, 자아 상실감은 수시로 찾아왔다. 이러면 안 되는데 하면서도 목구멍까지 답답함이 들어찼다. 누군가에게 털어놓고 싶었다.

남편에게 말하면 피곤하고 무표정한 얼굴로 나를 바라보았다. 인터넷 카페에 들어가면 이런 이야기엔 '산후·육아 우울증 게시판'이란 이름이 붙어 있었다. 엄마들의 하소연은 치료해야 할 병으로 취급받았다. 선배 엄마들은 하나같이 비슷한 조언을 해 주었다. "시간이 해결해 줄 거야." 때론 이랬다. "너를 힘들게 하는 건 너 자신이야." 마음먹기에 달렸다는데 그걸 못하는 내가 한심했다. 다들 잘하는데 왜 나는……. 오래도록 나에게 문제가 있다고 생각했다.

자애로운 표정으로 젖 물리고 아기가 잠이 들면 침대 위에 살포시 뉘어 놓고 책 읽거나 차 한잔하는 엄마의 모습을 기대한 적 있다. 실제는 이랬다. 떡진 머리카락, 누렇게 뜬 얼굴, 턱 밑까지 내려온 다크서클. 둥개둥개 안고 재우다 허리가 끊어질 거 같아 눕히면 아기의 '등 센서' 작동.

욱했다가, 땅 꺼져라 한숨 쉬었다가 스마트폰을 들여다본다. '내가 왜 엄마가 되었을까.', '언제쯤 끝이 보일까.' 쓰다가 만다. '다른 엄마들은 다 잘 키우는데.' 잠든 아이 모습을 찍어 인스타그램에 올린다. '하루하루가 새롭다. #나는행복한엄마 #사랑해'

힘들다는 말조차 마음대로 못하던 때, 이스라엘 사회학자 오나 도나스가 쓴 『엄마됨을 후회함』이라는 제목의 도발적인 책을 접했을 때 심장이 벌렁거렸다. 거기엔 나처럼 번뇌하면서도 이중적 태도를 보이는 엄마들의 목소리가 생생하게 실려 있었다.

"엄마가 되는 것에 의견이 나뉠 수 있는 것이 지극히 정상이라고 생각해요. 그렇지만 내가 어떤 글을 쓸 때 조금이라도 '부정적'으로 해석될 듯하면 곧장 다음과 같은 '포기 각서'를 붙이고 싶은 고통에 가까운 충동을 느껴요. '포기 각서: 물론 나는 아이들을 이 세상의 무엇보다 더 사랑해요'"

이건 일종의 '침묵 서약'이었다. 자기 기대, 책으로 습득한 지식, 몸으로 한 경험 사이의 간극과 혼란을 싹 덮은 채, 엄마에게 기대되는 바람직한 감정과 표현만을 하겠다는 약속. 나 역시 최대한 솔직히 육아 일기를 적고 싶었지만 비난이 두려웠다. 차라리 지독한 하루를 보낸 날이라도 '힘들지만 행복해', 이 말 한마디면 정상 엄마, 좋은 엄마라는 증표를 단 것 같아 마음 놓였다.

그래서일까, 초저출산 국가인 한국에서 애 키우기 어렵다는 목소리가 공론화되지만, 피부로 접하는 일상에선 엄마로 사는 삶의 축복만이 넘실댄다. 엄마 개인이 느끼는 분노, 불안, 불행, 자멸감, 후회는 최대한 드러내선 안 되는 분위기다. 조금이라도 투덜거리면 사람들은 입을 막는다.

"아이를 사랑하지 않는 거 아니야? 엄마 맞아?"

'아이들을 사랑하는 동시에 미워한다'라는 엄마들의 양가 감정은 인터넷 맘카페 어디를 가도 찾을 수 있지만 대외적으로는 노출되지 않는 공공연한 비밀이다. 철저한 익명이나 신뢰가 바탕이 된 장에서만 발설할 수 있다. 대부분의 일상에서는 좋은 엄마로 보이기 위해 노력한다. 그런데 좋은 엄마의 조건은 어떤가.

먹이고 입히고 재우기만 해도 훌륭한 엄마가 되는 줄 알았는데 아니었다. 소리 한번 지르지 않는 인내심, 정성을 들인 엄마표 반찬과 간식, 미디어 노출 금지, 발달 자극을 위한 놀이와 다양한 체험, 매일 책 읽어 주기, 조바심을 내지 않으면서 뒤처지지도 않도록 이끌어 주기, 친구 같은 엄마이면서 권위 잃지 않기, 사랑받고 자란 티도 팍팍 나게 키우기. 그 모든 것이 속했다. 좋은 엄마는 타인에 의해 인정받기에도 스스로 만족하기에도 도달할 수 없는 불가능한 기준이었다.

그러다 깨달았다. 좋은 엄마가 되는 길은 다름 아닌 '표현력'에 있었다. 아이에 대한 애정, 엄마로서의 삶에 대한 만족을 표출시키는 바로 그 순간에 좋은 엄마로 인정받을 수 있었다.

좋은 엄마 프레임은 또한 죄책감과 함께 작동했다. "엄마가 느끼는 감정을 아이도 그대로 느낀다"라는 말은 부정적 감정을 간직하거나 표출하는 것을 단속하게 했다. 아이가 자주 아프고 떼를 많이 쓰고 발달이 늦어도, 여유롭고 차분하면서도 명랑하게 아이를 돌보지 못한 엄마 탓이라고 하니까 늘 안정된 감정 상태를 유지해야 한다. 그런 탓에 아이에게 소리 한번 질러도 애착 문제가 생길까 걱정한다.

좋은 엄마 판타지로 가득찬 사회에서 "엄마됨을 후회한다"는 고백은 발설해서는 안 되는 금기 사항이다. 나쁜 엄마라는 단적인 증표다. 그러나 『엄마됨을 후회함』의 오나 도나스는 엄마됨을 후회한다고 해서 아이를 학대, 방치할 거라는 판단은 오산이라고 말한다. 많은 엄마들이 엄마 역할에 대해 끝없이 내적 갈등을 겪더라도 아이들을 착실히 돌본다. 나 역시 어쩌다 엄마가 되었나 한탄하지만 아이를 사랑한다. '엄마됨을 후회함'은 '자식을 후회함'이 아니다. 엄마로 사는 삶이 고통스럽다고 해서 아이들을 부정하는 건 아니다. 육아의 기쁨과 고통이 나란히 가듯이 엄마됨의 후회와 자식에 대한 사랑 역시 나란하다. 책에 기록된 데브라의 인터뷰는 이런 복잡한 감정을 표현해 준다.

"나는 아이를 진심으로 사랑하고, 아이와 깊은 유대감을 느껴요. (중략) 후회는 아이들과는 전혀 관계가 없고 다만

내가 있을 자리가 아니라는 거예요. (중략) 나에게는 부모의 역할이 이성적이지도, 적합치도, 맞지도 않는 선택이었어요. 그건 내가 엄마가 될 수 없어서가 아니라 나에게 맞지 않기 때문이에요. 나와 엄마 자리는 맞지 않아요."

아이를 사랑하지만, 엄마이기에 감내해야 하는 역할과 부담, 희생, 기대로부터 도망치고 싶을 뿐이다. 끊임없는 걱정, 간섭과 배려 사이에서 벌어지는 갈등, 자식이 사라진다 해도 엄마라는 변함없는 진실, 세상에 내놓은 한 존재에 대해 평생토록 감당해야 할 짐이 엄마됨을 후회하게 한다.

인간이기에 느낄 수 있는 감정이다. 인간은 누구나 후회를 한다. 그러나 유독 엄마들에겐 엄마라는 이유로 부정적 감정은 일체 느껴서도 간직해서도 안 된다고 말한다. 하더라도 숨어서 죄인처럼 고백해야 한다. 죄책감과 우울감은 이 지점에서 증폭된다. 감정을 부인하면서 나만 비정상이라고 느끼면서.

엄마들은 속세를 떠나 도를 닦는 수도자가 아니다. 어린 아이들은 보살핌을 받아야 하는 연약한 존재이기에 스스로 해결하지 못하는 의식주의 많은 부분을 이끌어 주고 채워 줘야 하지만, 그게 엄마가 무결점으로 전지전능해야 할 이유가 될 수는 없다. 회사원이 회사에 다니며 겪는 분노, 억울함, 상사나 동료에 대한 불만, 직업에 대한 후회를 이야기한다고 일할 자격이 없다거나 우울증이라고는 하지 않는 것처럼.

사회적 필터를 걷어 낸 엄마들의 이야기는 어디까지 가능할까. 사회가 기대하는 역할 수행을 배신하는 엄마들은 비정상으로 낙인찍히고 결국 침묵한다. 그러나 다른 목소리를 들을 수 없다면, 어떻게 다른 삶을 상상할 수 있을까.

오나 도나스는 엄마로서의 삶을 역할이 아닌 관계로 보자고 제안한다. 역할로서의 삶은 '좋은 엄마, 혹은 완벽한 엄마'라는 단일한 시나리오밖에 없다. 그러나 특정 개인 사이의 관계로 보면 역동적이고 폭넓은 가능성 위에 놓인다. 엄마가 아이에게 영향을 주듯 아이 역시 엄마에게 영향을 준다. 긍정적이든 부정적이든.

엄마 역할에 몸서리칠 때마다 내 안에 끓어오르던 죄책감, 수치심, 환멸, 회의, 후회와 고통을 투명하게 바라보면서 비로소 가벼워질 수 있었다. 억압하고 거부할수록 뒤틀렸다. 그래서 인간이기에 이런 감정을 느낀다는 걸 인정하고 발화하기로 했다. 때론 가볍게 때론 진지하게. 말로 혹은 글로. 무겁게 옭아매던 후회와 그에 따른 죄책감은 자기 언어를 찾아가며 분해되었고 선명해졌다. 아이로부터 도망가고 싶을 때마다 도망가고 싶은 마음이 생길 수 있는 관계임을 인정하면서 도망가지 않을 수 있던 아이러니.

엄마라는 정체성은 나의 많은 정체성 중 일부일 뿐이며 관계 중 하나라는 것을 알아갈 때 비로소 엄마가 되어 버린 나와도 함께 살아갈 수 있었다. 나의 전부가 엄마에 속하는 것이 아니라 나의 일부가 엄마일 뿐이다. 후회 역시 감정의 일부이다.

"아이 옆에 있어 주는 것만으로도 최선이다."

"어떤 기준을 만들지 말고 할 수 있는 만큼만 해."

행복만큼 불행이 평행선을 달릴 때 누군가 이 말을 해 주기를 기다렸다. 나는 듣지 못했던 말. 어느 엄마가 나처럼 헤맨다면 들려주고 싶다. 엄마라고 언제나 행복할 수 없다고, 우울할 수 있다고, 후회할 수도 있다고. 잘못된 것이 아니라고, 그러니까 숨어 있지 말자고. 익명 게시판에서 나오고, 비밀 일기장에서 나오고, 어두운 방에서 나와 떠들자고. 우리와 같은 누군가가 들을 수 있도록.

"고통을 당하지 않고자 기꺼이 논쟁에 휘말리는 여성과 엄마들은 언젠가, 어떻게든, 무언가 바꾸게 될 것이다. 우리는 마땅히 그럴 만하다." - 오나 도나스, 『엄마됨을 후회함』

엄마에겐 언어가 필요하다

육아 일기를 쓰는 이유

오래된 상자를 열었다. 초등학교 1학년부터 대학 시절까지 써 오던 일기장, 그 밖에 편지, 스케치북, 빛바랜 사진이 들어 있었다. 날씨 좋던 어느 날 다 태우려 했다. 그런데 바람이 불어 종이에 불이 붙지 않았다. 석유라도 구해 와 부어야만 했다. 엄지손톱이 빨개지도록 라이터에 불을 붙이다 결국 포기했다. 추억 상자 정리는 하지 않기로. 불이 붙지 않았다는 이유였지만 써 온 글, 편지, 모두 아직 보낼 수 없었다. 마음이 울렁거렸다.

고등학교 때 쓴 일기장을 열어 보았다. 사춘기 소녀의 나풀대고 얄팍한 감성의 향연. 한껏 진지하고 사뭇 비장하게 썼지만 손발이 오그라들어 한 페이지도 읽을 수 없었다. 다

지우고 싶은 부끄러운 과거였지만 없앨 수 없었다. 당시엔 진실이었을 테니.

지금 쓰는 글도 그렇다. 수십 년 지나 읽으면 우스울지도. 예쁜 자기 새끼 키우며 왜 이리 죽는소리를 해댔을까 싶을 수 있다. 일이 년 전 쓴 글도 낯설다. 아이 수면 습관이나 이유식 식단에 대해 왜 그리 진지했는지 이해할 수 없다. 벌써 잊은 거다. 글은 기억을 소환하지만 감정을 재현해 주지 못한다. 젖물리며 느꼈던 갑갑함과 지루함은 증발했고 젖 빨면서 꼬물대던 작은 발가락만 생각난다. 그래서인지 고만고만한 젖먹이들을 보면, 초보 엄마로서 겪은 숱한 시련은 싹 잊고 "그땐 힘든 것도 아닌데"라며 막말한다.

그러니 더 써야 했다. 유아기가 끝나기 전에. 비록 고단한 하루의 기록이라 해도 행복하지만은 않은 기록이라고 해도. 훗날 조금이라도 겸손하기 위해. "나 때는 더 힘들게 키웠어"라며 누군가를 판단하지 않기 위해.

유아기 기록이 특별한 이유는 또 있다. 아이에게 엄마가 온 세상의 전부인 시절. 머리부터 발끝까지 어루만지고, 엉덩이와 땀이 밴 손바닥, 정수리에 코를 박고 냄새 맡아도 되는 시절. 혀 짧은 말 한마디에 히죽히죽 웃고, 발걸음 하나에 인류의 진화 과정을 발견한 듯 열광하는 시절. 사람이기 전에 여자이기 전에 한 새끼의 어미로 짐승처럼 살아가는 시절. 이 시절을 잊고 싶지 않다.

이제 네 살. 아직도 툭하면 안아 달라 하고 쉴 새 없이 엄마를 불러 대 지긋지긋하다는 소리가 하루에 수십 번 나오지만 이 시절도 얼마 남지 않았다는 걸 안다. 그래서 기록한다. 지금의 감각이 옅어지기 전에. 이 조그만 생명체와 겪는 기쁨과 즐거움, 그리고 슬픔과 고통까지도.

나를 드러내는 글쓰기

아이 낳고 2년 넘게 글쓰기를 손 놓았다. SNS에 자식 자랑하고 '좋아요' 횟수 증가에 만족했다. 속엔 말이 쌓여 갔지만 찬찬히 털어놓을 시간이 부족했다. 이사를 하고 아이가 어린이집에 적응하고 나서야 시간이 생겨 틈틈이 글을 써 블로그에 올렸다. 불특정 다수에게 공개하는 터라 어디까지 쓰고 어디까지 감추어야 하는지 고민했다. 모르는 사람들만 보면 차라리 편하겠는데 지인들도 보는 터라 젖가슴의 흉터 하나 들킨 것처럼 얼굴이 화끈거렸다.

아이를 낳기 전 나는 서평을 주로 썼다. 개인적인 이야기는 가리고 객관적으로 치장한 해석을 내세웠다. 이제 치부를 까발리며 글을 쓴다. 나라고 타인의 시선이 두렵지 않겠냐마는 분만실에서 가랑이를 벌린 채 굴욕 삼종 세트를 겪은 후, 머리가 홱 돌아 여리고 작은 아이에게 고래고래 소리를 지르고 같이 엉엉 운 후, 태어나서 처음으로 불행하다는 생각을 입 밖으로 내어 본 후 내려놨다. 누군가에게 잘 보여 평가받고 승진할 직장도 없겠다. 출산과 육아를 겪으며 인간관계는 쪼그라들었겠다. 그 덕에 누가 어떻게 나를 생각하든 그다지 신경 쓸 필요 없는 자유를 얻었다.

최대한 중립적으로가 아니라 최대한 날것 그대로. 세상의 진실을 파헤치진 못해도 나의 진실을 대면하며. 타인을 판단하기보다 자신에게만큼 있는 힘껏 정직하게 쓰려 한다. 그것들이 시시콜콜 구구절절한 변명처럼 보이더라도, 비뚤어진 가치관이 드러나더라도, 한계와 능력의 바닥을 글쓰기로 밝히기로 했다.

쓰고 싶어 쓰는 건 아니다

글을 쓴다고 하는 대단한 자의식은 없었다. 다만 글이라도 쓰지 않으면 견딜 수 없었다. 아이를 돌보고 집안일을 하는 걸로는 지워져 가는 나를 붙들 수 없었고, 텅 비어 가는 정체성을 채울 수 없었다. 결심하고 썼다거나 쓰고 싶어 쓰지 않았다. 그저 써야만 했다. 답답할 때마다 갈증과 허기가 질 때마다 쌓인 말을 쏟아 냈다. 기어코 토해 내면 후련해졌다.

속에 말이 차오를 때가 바로 글 쓰는 시점이지, 작정하고 쓴다 해서 써지는 건 아니었다. 글 쓰고 싶다며 남편에게 아이를 맡기고 나온 주말, 한 페이지도 쓰지 못하고 뱅뱅 돌았다. 분명 글쓰기엔 조용한 몰입의 시간이 필요하지만 하루 혹은 몇 날 며칠의 시간이 주어진다 해서 써지는 건 아니었다. 군더더기 붙은 글만 쓰며 헛발질하곤 했다.

나는 서재가 없다. 이사 오며 내 책 오백여 권과 함께 책장과 책상을 없앴다. 주방 싱크대 한편에 노트북을 펴 놓고 방 청소하다, 아이와 놀아 주다, 국을 끓이다가 문득 문장이 떠오를 때 다다다다 적는다. 단상이 모이면 아이가 어린이집 가 있는 시간이나 잠든 시간에 얼개를 짜고 다듬어 간다. 막간의 시간, 그래서 더없이 달콤한 시간에 하는 감질나고 빠듯한 글쓰기가 팽팽한 긴장감과 간절함을 만들어 줬다. 멍석 깔아 주고 시간 주면 못 했을 일. 툭하면 한없이 게을러지는 나는 한정된 시간, 불편한 자리에 갇혀 글을 쓴다.

엄마에겐 언어가 필요하다

놀이에 열중한 아이를 보고 있노라면 어찌 저런 게 나왔을까 감격스럽다가도 돌연 떼쓰고 들러붙으면 '나보고 어쩌라고' 한숨 푹푹 나왔다. 이럴 때마다 감정의 실마리를 잡을 수 없어 무력감을 느꼈다.

엄마들이 겪는 육아 경험은 비슷한 듯 보여도 저마다 깊이도 색깔도 다른데 그걸 표현하고 해석한 언어는 한정적이었다. 우리는 자기도 모르게 다른 이들이 추상화한 언어를 받아 적고 있었다. '육아는 위대한 경험, 시간이 약, 인내하는 수밖에, 모든 게 엄마 탓' 등.

나는 보편적이라 믿어지는 거친 말들을 소화해 내지 못했다. 아니 할 수 없었다. 듣고 읽을 때마다 속이 꽉 얹혔다. 그 말들은 나의 경험과 일치하지 않았다. 내가 겪어 내는 경험과 감정을 다른 이의 판단과 해석에 맡기지 않고 나의 언어로 써 보고 싶었다. 빤한 소리로 맺고 싶은 유혹을 이겨 내며 고치고 다시 쓰고를 반복했다. 그러다 보면 눈앞에 끼어 있던 안개가 걷히고 엉켜 있던 실타래가 풀리고 얼어붙던 마음이 녹았다. 나의 언어로 쓴 문장은 나를 휘청거리지 않게 해 줄 무기였다. 무겁기만 하던 엄마 노릇도 글쓰기를 하며 많이 가벼워졌다.

단조롭고 지루하지만 쉴 새 없이 허덕이던 하루. 어서 밤이 찾아와 잠자리에 등 붙이기만을 바라던 하루에 글쓰기가 들어오며 기다림과 의욕이 생겨났다. 은밀하고 사치스러운 시간이 만들어졌다. 글쓰기는 구원일까. 모르겠다. 다만 쓰면서 이전 삶과 조금 달라진 건 알겠다. 사는 방편이 하나 생겼다. 그래서 전보다 조금은 수월해졌고 풍요로워졌다.

주말엔 가출을

"앞으론 주말엔 당신이 아이를 봐."

이 말은 아이를 한두 시간 혹은 반나절 맡기고 외출을 하겠다는 말이 아니다. 주말이면 남편에게 육아 전담시키고 집을 나가겠다는 말이다. 외출이 아니라 가출이다. 더 이상 미룰 수 없다.

그가 아이를 갖자고 조를 때 해 온 맹약이 있었다. "주말엔 내가 애 다 볼게! 제발 낳자. 나를 믿어!" 속았다. 남편은 내가 두어 시간만 집을 비워도 아이가 우는 동영상을 찍어 카카오톡으로 보냈고 언제 오냐고 전화를 해 댔다. 내가 식사 시간에 집을 비우면 아이 이유식이나 반찬을 만들고 가라고 했다. 그러다 보니 삼 년 넘도록 남편의 약속은 이루어지지 못했다.

나는 그가 독박 육아를 체험하기를 호시탐탐 엿보았다. 울고 보채는 아이 두고 음식 준비하면서 애간장 타기를 바랐고, 눕고 싶은데 잠을 안 자려는 아이를 달래 재우는 수고를 겪기를 바랐다. 왜 안 오나 핸드폰 바라보며 발 동동 굴렀으면 했다. 나도 보란 듯이 전화를 씹고 밤늦도록 집에 들어가지 않을 테다!

주말 가출이 아니라 주말 늦잠 자기부터 도전했다. 계획한 건 아니었지만.

몸이 너무나 아팠던 날, 도저히 이부자리에서 일어날 수 없었다. 그렇다고 쉬지도 못하고 방에 누워 고래고래 소리를 질러야 했다.

"냉동실 두 번째 칸에 고등어 있잖아!"

"쌀 두 컵 넣으라고!"

남편은 5분마다 방문을 열고 아파 누워 자는 나를 깨워 물어봤다.

"양파는 어떻게 벗겨?"

"된장국에 된장 몇 숟갈 풀어야 해?"

그날 아이 아빠는 나를 대신해 밥을 안치고 생선을 구웠다. 사람들에게 말하면 "세상에! 남편이 생선도 굽다니 대단해!"라며 눈이 휘둥그레져 찬사를 늘어놓는 생선구이 말이다. 냉동된 삼치나 조기를 그릴 팬에 올리고 타이머를 13분쯤 맞춰 놓으면 구워지는 요리를 해낸 것만으로도 칭찬받는 남편. 참 부럽다.

이 일을 계기로 내가 일찍 일어나 밥 차리지 않아도 밥이 차려질 수 있음을 깨달았고, 나는 종종 토요일 아침마다 늦잠을 잤다. 남편은 할 줄 아는 요리가 하나씩 늘었고 나에게 물어보는 횟수도 줄었다. 고구마 밥도 하고 계란프라이도 즐겨 했다. 남편이 죽이 되든 밥이 되든 나를 대신할 수밖에 없는 상황으로 던져 놓았더니 생각보다 무탈했다. 잠결이나마 아빠와 아이 둘이서 복작복작 아침 먹는 소리를 듣는 건 나쁘지 않았다.

그러나 아파서 쓰는 남편 '찬스'로는 부족했다. 내가 몸이 괜찮을 땐 남편은 자연스레 손을 놓았다. 또 부득이하고 어쩔 수 없이 남편이 나를 대신하는 것이 아니라, "주말에 나갔다 와도 돼"라고 선심과 배려를 담아 외출을 허락하는 말이 아니라, 나의 당연한 권리로 주말을 누리고 싶었다. 그러다 결정적 기회가 주어졌다. 남편이 술 마시느라 연락 두절이 되었던 금요일에서 토요일로 넘어가는 새벽. 나는 가출을 모의했다. 아침 동트자마자 집을 나가려고 가방도 싸뒀다. 남편에게 아내의 부재를 처절하게 느끼게 할 작정이었다. 너도 연락 두절 겪어 봐.

그런데 밤새 아이 컨디션이 좋지 않았다. 열나는 아이를 두고 나갈 수 없었다. 그날 나는 집에 붙어 삼시 세끼를 꼬박 차렸다. 그렇게 한 차례의 가출이 실패하고 찾아온 다음 주말. 이 주 넘게 쌓인 앙금은 쉽게 사라지지 않았다. 남편이 잘못하기만을 눈에 불 켜고 기다리다가 사소한 실수를 꼬투리 삼아 바람 좀 쐬고 오겠다며 일요일 오후 집을 나왔다. 나의 첫 가출이었다.

갈 곳이 생각보다 마땅치 않았다. 진심으로 1박 2일간 가출하려고 짐까지 쌌다가 실패했던 주말에도 그랬다. 호텔에서 자자니 10만 원 이상 하는 방값이 아까웠고 찜질방을 가자니 불편했다. 아이가 아프다는 핑계로 냉큼 가출을 취소한 건 그만한 이유가 있어서였다. 내 집 두고 나가기가 싫었던 거다. 집 나오자 예상대로 난감했다. 도서관은 멀어서 차를 가져가야만 했고 차를 가져가자니 주차하기가 번거로웠다. 결국 정한 곳은 시내의 스타벅스.

일요일 늦은 오후, 스타벅스엔 사람들이 바글댔다. 겨우 한 자리 잡아 노트북을 폈지만 시끄러워 집중할 수 없었다. 딱딱한 의자에 앉아 있으니 허리도 아팠다. 주말에 시간을 보내기에 아무래도 카페는 적절하지 않았다. 그렇다고 딱히 갈 곳도 없었다.

나는 스타벅스에서 5시간을 버텼다. 주변의 소음도 익숙해져 차츰 들리지 않았다. 두어 번 자리를 옮기며 허리 아프지 않은 의자도 차지했다. 책을 읽고 글도 썼다. 군중 속의 고독을 씹는 동안 답답함에 조여 오던 가슴이 조금씩 풀렸다.

아이가 밤잠 들 시간을 훌쩍 넘길 때까지 버티다 들어갔지만 아이는 여태 자지 않고 있었다. "엄마가 재워 줘야 해!" 칭얼거리고 우는 소리가 방에서 들렸다. 거실에 숨죽이며 아이와 남편이 잠들기를 기다렸다.

주말을 보내고 다음 날 아이가 초코 우유와 밥을 번갈아 같이 먹겠다며 생떼 쓸 때도, 칫솔을 거꾸로 들어서 이빨 닦겠다고 할 때도, 어린이집 버스 도착 30초 전인데 양말을 신지 않겠다고 버틸 때도, 남편이 양말과 겉옷을 아무 데나 뒤집어 던져 놓았을 때도, 전보다 조금 더 의연해질 수 있었다.

주말, 가출은 빈번해졌고 남편이 두 달간 육아 휴직을 낸 후부턴 주말 하루는 각자 보내기로 정착했다.

매주 토요일이면 나는 평일에 다 못한 일거리나 글쓰기를 하고 남편은 평일엔 턱없이 부족했던 아이와의 시간을 진하게 보낸다. 엄마 없으면 안 된다고 울던 아이도 방긋 웃으며 나와 헤어진다. "엄마, 이따가 봐!" 오전에 어린이 도서관에서 책을 읽고 점심엔 도서관 식당에서 한식 뷔페를 먹고, 육아 지원 센터 놀이방에 가서 레고 조립하기가 남편과 아이의 하루 데이트 코스.

신성한 주말, 온 가족이 복닥복닥 오붓하게 보내는 시간도 소중하다. 우리 역시 그런 시간을 위해 어딘가로 차를 타고 나가곤 했다. 그러나 막히는 도로 위에서 시간을 버리면서 언성만 높아졌다. 집에 와서 마주치는 건 지친 몸, 밀린 빨랫감과 헝클어진 이부자리, 수북이 쌓인 설거지였다.

주말, 가족 판타지를 꿈꾸는 대신에 나의 판타지를 실현하겠다. 엄마에게 자유를, 아빠에겐 육아를. 생각해 보면 남편도 내가 없는 편이 좋을 것이다. 온종일 내 잔소리를 듣느니 아이와 묵묵히 씨름하는 편이 나을 테니.

기쁘지만 재미없는 엄마 노릇

현모양처가 꿈이던 친구가 있었다. 20대 중반에 결혼, 바로 연년생으로 두 아이를 낳았다. 그러더니 대학원에 갔고 재취업에 성공, 30대 후반인 지금 초등학교 학부형이면서 직장인으로 살고 있다. 오랜만에 만난 친구가 이런 말을 했다.

"아이들이랑 있으면 정말 좋아. (잠깐 침묵) 딱 10분만."

친구는 아이들과 있는 시간이 힘들었다면서 육아 휴직도 1년 못 채우고 복직했음을 실토했다.

어떻게 아이들과의 시간을 못 견디고 10분만 즐거울 수 있냐며 반문할 수 있지만 친구의 말은 내 안의 해묵은 죄책감을 씻어 주었다. 친구가 별다른 엄마여서일까. 아니, 엄마들이라면 그다지 놀라워할 일도 아니다. 육아가 다른 집안일에 비해 즐거움의 강도가 떨어지는 건 사실이니까.

제니퍼 시니어의 『부모로 산다는 것』은 흥미로운 설문 조사 결과를 보여 준다.

“2004년 노벨상 수상자인 경제학자 대니얼 카너먼과 학자들은 텍사스에 거주하는 직장 여성 900명을 대상으로 어떤 활동이 가장 큰 즐거움을 주는지 설문 조사를 했는데 육아는 전체 19개 항목 가운데서 16위를 차지했다. 설거지보다 뒤로 밀렸다.”

육아가 고작 16위라니! 잠깐, 아이들을 싫어한다는 말은 아니니 오해 마시라. 아이 보는 일이 비록 설거지보다 즐거움 순위에서 밀릴지라도 많은 부모들은 아이들과 보낸 시간을 기쁨으로 회상하며 이처럼 가치 있는 일은 없다고 호들갑이다. 『부모로 산다는 것』의 원제목인 『All Joy and No Fun』처럼. ‘모든 것이 기쁘지만 재미는 전혀 없음’인 것이다. 처음 들었을 때 무릎을 쳤다. 모순된 감정이 혼재된 부모의 마음을 이보다 적절하게 표현할 수 있을까.

아이가 없는 장소에서 방해받지 않고 며칠만 쉬고 싶다는 생각을 자주 했다. 그러다 지난겨울 나와 남편이 호되게 독감을 앓았다. 마침 부모님이 올라오셨다가 아이를 격리 조치해야 한다며 데려갔고 남편과 나만 빈집에 남겨졌다.

치워도 5분이면 거실 바닥에 깔리는 물건들이 이틀이 지나도록 정물화처럼 가만히 있었다. 사흘이 지났다. 아이의 옷, 장난감, 낙서, 체취가 고스란히 있으면서 종알거리는 목소리와 통통거리는 발소리가 없는 집은 이상했다. 내가 집 비울 땐 아이 생각이 안 나더니, 아이가 떠난 집에 있다 보니 작은 존재감이 불쑥불쑥 들어왔다. 아이가 어린이집에서 돌아오는 4시쯤 되면 몸은 자동 긴장했고 혼자 자다가도 어디선가 들려오는 아기 우는 소리에 눈을 번쩍 떴다.

남편과 나는 투병하는 와중에도 잠깐씩 얼굴을 마주칠 때면 싸웠다. 아이 앞에서 못했던 말을 죄다 쏟아 냈다. 육아에 시달리지 않으면 제법 사이좋은 부부가 될 줄 알았는데 아니었다. 아이가 없다고 신혼으로 돌아가는 것도 아니었다. 어느덧 아이는 우리 부부의 유일한 고리처럼 되어 있었고 그 고리가 사라지면 과연 우리 사이에 무엇이 남을지 나는 궁금했다.

같이 있으면 혼자 있고 싶고, 안 보면 보고 싶은 이상한 감정. 아이 없으면 무엇이든 할 줄 알았는데 아이 없이 아무것도 못 하는 이상한 상황. 부모됨, 나에게 있어 엄마됨이 무엇이길래.

엄마됨이 이토록 무겁고 어려운 줄 알았다면 육아가 이렇게나 힘들 줄 알았다면 아이를 낳지 않았을 거라고 말하곤 했다. 그런데 질문을 바꿔 보자. 아이와 함께한 기억을 그대로 가진 채 과거로 돌아간다면 어떤 선택을 할 것인가. 조금 복잡해진다.

나만 바라보는 맑고 따듯한 눈빛, 가슴에 파고들 때 느껴지는 체온. 같이 노래 부르며 뛰고 춤추다 엉켜 드는 작은 몸, 보드랍고 촉촉한 볼, 입술, 손바닥……. 이 모든 것을 기억한다면, 이 모든 것을 가지고 과거로 돌아간다면 과연 다른 미래를 선택할 용기를 낼 수 있을까.

영화 「컨택트」에서도 그랬다. 주인공 루이스는 외계인과 소통하며 그들의 언어를 익혔다. 외계인의 언어에는 선형적인 시간 개념, 즉 과거 다음 현재, 그리고 미래라는 순서가 없다. 그들의 문자는 낱글자가 아니라 신경회로인 시냅스처럼 연결되어 원을 이룬 형태인데 이는 과거, 현재, 미래라는 시간이 해체된 인식을 반영한다. 원이 시작과 끝이 없듯이 그들의 문자와 인식 체계도 시작과 끝이 없다. 매 순간 과거—현재—미래가 공존한다. 그걸 익힌 루이스도 외계인의 언어에 지배받는다. 현재와 동시에 미래를 살고 '미래의 기억'을 떠올린다. 여기서 미래는 예정된 미래이면서 동시에 지나간 기억으로써 미래이다.

루이스에게 떠오르는 미래의 기억은 고통스럽고 슬프다. 여자아이가 태어나고 그 아이와 시간을 보내고 그 아이를 떠나보낸다. 피하고 싶은 미래. 청혼하는 이 남자와 결혼하지 않는다면 다른 미래를 살 수 있을지도 모르지만 루이스는 예정된 미래를 선택한다.

하지만 나는 루이스가 미래를 알면서도 선택했다고 보지 않는다. 이미 원처럼 연결된 세계 안에 살고 있는 루이스에게 삶은 인과론적 연결이 아니다. 아이와의 기억은 미래인지 과거인지 모르게 뒤섞여 있다. 처음과 끝이 없고 선택의 가능성도 없는 세계, 아이와 함께했던 기억의 지배를 받는 세계. 이 세계 속에서 루이스가 어떻게 다른 선택을 할 수 있을까? 이 아이와 함께 했던(함께 할) 시간을 뒤로하고.

육아가 힘들 때마다 남편과 싸울 때마다 내가 아이를 낳지 않았더라면 이 남자와 결혼하지 않았더라면, 수백 번 생각했다. 기억이 모두 사라진다면 모를까, 이 아이는 다른 무엇으로도 대체 불가능한 존재가 되었는데 아이와의 기억을 가진 채 아이가 없는 시간을 나는 살 수 있을까. 여기까지 생각이 미치는 순간 털썩 무릎을 꿇었다. 빠져나갈 수 없는 덫 혹은 시작도 끝도 없는 세계에 갇혔음을 알게 되었다. 부모가 된다는 건 이런 거였다.

『부모로 산다는 것』은 전체 440페이지 중에서 무려 380페이지에 걸쳐 부모들이 자식을 키우며 얼마나 속이 문드러지는지, 너덜너덜해지는지, 수도 없이 찢기는지 그려 낸다. 그러다 마지막 장에서 전체 분량의 10%를 할애해 부모로 사는 '기쁨'을 이야기한다. 부모 인생 전체에서 자식으로 인한 기쁨의 양이 이만큼이라는 걸까.

책의 원제 『All Joy and No Fun』처럼 기쁨(joy)과 재미(fun)는 비슷해 보이지만 다른 감정이다. 제니퍼 시니어는 조지 베일런트의 『행복의 완성』이라는 책에 설명된 개념을 빌려 온다.

"기쁨은 흥분을 추구하거나 어떤 충동을 충족시키는 데서 얻는 즐거움과는 완전히 다른 종류의 감정이다."

기쁨은 성적인 쾌락과도 액션 영화를 볼 때 느끼는 스릴과도 전혀 다르며 자기만족도 아니다. 다른 사람들에게 향하는 연결성이다. 고소한 밥 냄새, 엄마의 품, 아이의 발그레한 볼, 같이 먹는 식탁에서의 웃음소리, 심장 박동을 느려지게 하는 감정이다.

이 기쁨이란 아이와 부대끼는 순간엔 잘 느낄 수 없다. *"그냥 가만히 앉아, 아이들을 그저 그들 자신으로 존재하는 상황을 즐겨야"* 기쁨을 느낀다. *"양육에 소요되는 온갖 잡일과 긴장과 고통"*은 기쁨을 느끼지 못하게 한다. 즐거움이 적극적으로 참여하며 느끼는 쾌감에 가깝다면 기쁨은 오히려 관조적일 때 느끼는 수동형 감정이다.

나는 요즘 아이를 보며 놀라워한다. 출산했을 때는 내 가슴에 엎드려 악쓰던 시뻘건 아기가 무서워 꼭 안아 주지도 못했는데 이제 품에 다 들어오지 않는 아이를 갓 태어난 아기처럼 신기하게 바라본다. 종알종알 쉬지 않고 무얼 저리 떠드는지, 어쩜 한시도 가만히 있지 않고 춤을 추고 앞구르기를 하고 상 위에서 뛰어내렸다가 하는지. 이렇게 아이의 왕성한 생명력에 감탄하다가도(명백한 '기쁨'이다) 역할 놀이 상대가 되면 10분 만에 몸이 배배 꼬이거나 지겨워진다('재미'는 없다).

다른 경우도 있다. 아이가 기어 다닐 무렵이었다. 기저귀를 갈아 주다가 냄비에 물이 넘쳐 부엌을 다녀온 사이 아이가 바닥에 똥을 쌌다. 방바닥에 점점이 찍힌 똥을 따라가 보니 플레이 텐트 안에서 아이가 해맑게 웃고 있었다. 수백 개의 공에도 똥이 덕지덕지 붙어 있었다. 아이를 화장실 욕조에 가두어 두고 베란다에 똥 묻은 공을 와르르 쏟아 붓고 샤워기로 씻으면서 나는 엉엉 울었다. 재난이었다.

당시의 참담했던 심정과 다르게 지금 나는 그때를 떠올리며 웃는다. 아마도 이건 아이 때문에 잠 못 자던 밤, 업어 주느라 시큰거리던 허리, 말 안 듣는 아이에게 소리 지르며 악다구니를 쓰던 순간은 뿌옇게 흐려진 채 지난날을 회상하며 '아이는 기쁨 그 자체'라고 말하는 많은 엄마들과 같은 마음일 것이다.

제니퍼 시니어에 따르면 *"부모가 되었을 때 받는 느낌"*과

*"부모로서 일상적이지만 대개는 몹시도 힘든 온갖 일들을 하는 느낌"*은 전혀 별개이다.

*"경험하는 자아"*와 *"기억하는 자아"*가 다르기 때문이란다. 우리는 실제 경험하는 느낌과 전혀 다른 방식으로 특정 사건을 기억 속에 간직한다고 한다. 경험하는 자아는 아이를 보는 일보다 설거지를 하는 게 더 낫다고 대답하지만(일상생활의 즐거움에서 육아가 차지하는 순위는 16위!) 기억하는 자아는 아이만큼 큰 기쁨이 없다고 말한다.

다시 말해 기쁨은 현재 진행형으로 느끼는 감정이라기보다 회상, 추억, 기억의 한편에서 잔잔히 떠오르며 나를 따스하게 감싸는 감정이다. 현실에선 재미없고 지루함의 연속이었다 해도 우리의 머릿속은 특수한 무언가를 선택, 편집해서 기억한다. 그러한 기억하는 자아 안에서 기쁨이 생성된다. 엄마들이 육아의 힘겨움을 잊고 '그래도 그때가 좋았다'라고 회상하는 이유다.

앞서 언급한 베일런트는 기쁨을 온전히 경험하려면 역설적이게도 끔찍한 무언가를 전제해야 한다고 말한다. 상실이다. 기쁨이 사라질 수 있다는 불안과 두려움이 기쁨을 강렬하게 촉구한다.

겪어 보면 아이를 키우는 순간순간은 상실과의 만남이다. 아이가 자라는 속도는 기억을 초과하는데, 도톰하게 접히던 살집이 사라지고 짧은 목이 길어지고 훌쩍 큰 키를 보면 심장이 철렁한다. 그에 비해 신체 성장이 멈춘 성인의 삶은 달라짐을 체감하지 못한다. 또 아쉽다면 살도 빼고 화장도 하면서 비슷하게나마 재현해 볼 수도 있다. 그러나 아이의 삶은 다르다. 매일이 놀랍도록 다를 뿐 아니라 지나간 날을 결코 비슷하게도 따라 할 수 없다. 네 살 아이에게 젖 먹던 시절이 예뻤다고 다시 해 보라고 할 수 있을까? 아기 때 찍은 동영상과 사진을 들여다보며 느끼는 아련한 그리움은 그 모습을 지금은 죽었다 깨어나도 볼 수 없기 때문이다.

그렇기에 아이와는 매일매일 이별하며 사는 셈이다. 며칠 혹은 몇 달만 지나도 현재 모습을 찾아볼 수 없다. 또 지금은 엄마가 세상 전부라며 찰싹 안겨 있지만 언젠가는 등을 홱 돌려 뛰쳐나갈 것이다. 이 예정된 상실 안에서 아이러니하게도 기쁨이 생성된다.

자식 키우기의 고됨과 별도로 많은 부모에게 자식이 기쁨인 이유는 이 때문일 것이다. 언젠가는 끝날 것을 알기에 내 품을 떠날 것을 알기에 지금의 고단함을 기쁨으로 회상할 힘을 갖는다.

아이가 없다면? 아이와 기억을 가진 채 아이 없이 살아야 한다면? 다시 돌아간다면? 일어나지 않은 일을 자꾸 상상하는 이유는 아마도 의미를 찾고 싶어서이고 상상 속으로 나를 밀어 넣어야 겨우 현실의 가치를 부여잡을 수 있기 때문일 테다.

겨우 5년 차 엄마. 엄마로 살기는 행복하지만도 즐겁지만도 않다는 걸, 다만 가끔 기쁘다는 걸 받아들이고 있다. 다시 오지 않을 많은 순간, 언젠가는 내 품을 찢고 떠나갈 아이……. 흘러가는 시간을 부여잡을 수 없는 안타까움과 하루가 다르게 부쩍 커 가는 아이를 바라보는 슬픔을 안고 살아갈 때만 기쁨이 차오른다는 가혹함. 부모에게 주어진 형벌이자 축복이다.

엄마인 내가 할 일은 수시로 밀려오는 욕심과 미련 사이에서 싸우기, 아이를 눈과 마음속에 꾹꾹 담아 두기 같다. 루이스가 그랬듯, 나도 오늘은 언제나 새롭지만, 예정된 미래를 살아간다. 다시 살아나는 과거를 매 순간 맞이한다. 그 안에서 서서히 물드는 기쁨을 놓치지 않아야 할 텐데, 왠지 자꾸만 잊어버린다.

돌봄의 시간, 나를 지우는 시간

많은 사람이 아이를 키우면서 어떤 가치를 얻는지 언급하는데, 나는 '나의 무가치함을 깨닫는 가치'가 있다고 말하고 싶다.

나 없이 생명 유지가 불가능한 타인을 돌보는 와중에, 정작 자신은 수면과 식욕조차 억제해야 하는 상황이 수백 일 동안 지속되는 경험. 인정과 보상은 물론 내적 성취를 느끼기 어려운 극한의 환경을 심지어 내 돈 들여가며 하기. 그게 육아였다.

아이 돌보기, 삼십 년 넘게 살아오며 겪은 일 중 가장 어려웠다. 원래 아이를 좋아한 사람에게도 24시간 육아는 힘겨울 테지만, 오로지 자신만을 위하며 살아온 나에게 나홀로 육아가 준 충격은 어마어마했다. 쌓아 온 세계가 완전히 완전히 무너졌다. 쓰나미가 휩쓸 듯이.

예전 나는 목표가 생기면 계획 세우고 세부 사항 다듬고 실행에 옮기고 수정하면서 한 단계씩 나아갔다. 그것이 가능하다고 믿었다. 내 삶을 기획할 수 있음에 의심이 없었다. 그래서 그리 살지 못하는 사람들을 이해할 수 없었다. 왜 더 노력을 안 하냐고 왜 더 열정을 쏟지 않느냐고 말했다.

그런 내가 아기를 낳았다. 아기는 마음대로 되지 않았다. 아이를 잘 길들인 능력자 엄마라면 동의 못 할 수 있겠지만 나는 그랬다. 주는 대로 먹고, 주는 대로 입고, 이끌어 주는 대로, 가르치는 대로 한다는 그 쉽고도 당연해 보이는 모든 일이 어려웠다.

내 몸조차 마음대로 못 했다. 혼자 아이를 보는 동안 먹고 자기는 물론 좋아하는 책 읽기와 글쓰기, 운동, 친구 만나기, 돈벌이까지. 어느 것도 내 뜻대로 할 수 없었다. 사회적 관계망이 모조리 찢겼고 발 딛고 살아온 지반이 허물어졌고 정체성이 사라졌다. 사회적 자아도 나의 이름도 지워진 채 살아가는 시간, 아이가 주는 기쁨과 행복과는 별도로 나에겐 어둠, 정지, 퇴보의 시간이었다.

언젠가 암담하고 무력한 기분을 글쓰기 선생님에게 털어놓았다. 선생님이 그러셨다.

"그러니까 네가 사람 되라고 시원이가 태어난 거야."

사람이 된다는 건 뭘까, 아이를 낳아야 어른이 된다는 빤한 말이 아니다. 사람이 된다는 건 찌그러져 있음을 겪는 일임을 지금에야 이해한다.

많은 것을 포기하지 않았다면 죽을 때까지 몰랐을 거다. 우왕좌왕 헤매는 엄마들을 보며 왜 나처럼 못 하냐고 했을 거다. 내 성품상 그럴 만하다. 내가 무너져 보았기에 열등감이나 우울에 시달리는 감정도 비로소 헤아리게 되었다. 바닥을 가까스로 기어 다니며 버티는 상황을 조금은 짐작할 수 있었다.

아이를 키워 봤다고 해서 약자나 타인을 이해하는 폭이 깊어졌다고는 말 못 하겠다. 다만 개인의 능력과 의지의 한계를 알게 되었다. 조건과 상황이 되지 않으면 아무리 노력해도 안 되는 일이 있다는 걸 배웠다. 하늘을 찌르던 나의 오만은 작은 아이 앞에서 숭덩 가위로 잘렸다. 무릎이 꺾였고 바싹 엎드렸다.

"아이가 없어서 그래."

아이가 없던 시절 많이 듣던 말이다. 여행 다니면 "아이가 없어서 그래." 밤늦게 다니면 "아이가 없어서 그래." 공부하러 다니면 "아이가 없어서 그래." 좋은 일을 이루어도 아이가 없어서 할 수 있다는 말을 들으면 정말 기분 나빴다.

아이를 낳고 보니 왜 저런 말을 하는지 알겠다. 아이가 있으니 그전엔 마음먹는 대로 할 수 있던 아주 많은 일들을 몇 배의 노력을 해야만 겨우 시작했다. 손발이 꽁꽁 묶였다. 아이 없는 사람들이 너무 부러웠다. 너무 부러워서 그들도 아기가 생겨 나처럼 못 하기를 바랐다.

당연히 아이가 없어도 못 하는 건 못 한다. 못 하는 일이 더 많을 거다. 그래도 아이가 없어서 할 수 있는 거라고 생각하면 내 처지가 덜 억울했고 조금 공평해지는 느낌이었다. 저 사람은 하고 나는 못 하는 이유를 설명할 때, 아이가 없어서 그런다고 생각하면 간편하니까. 사실이 아닐지라도 머릿속은 복잡해지지 않으니까.

아이가 없어서 그렇다. 그 말은 아이 없는 상대를 깎아내리려는 말이 아니라 부러움의 말이다. 한 사람이 뭔가 이루어 내는 데는 본인의 실력만이 아니라 주어진 조건과 운이 상당 부분 좌우한다는 뼈아픈 진실을 뒤늦게 깨달은 사람의 작은 한숨이 들어 있는 그런 말이다.

이런 생각을 해 본다. 엄마뿐 아니라 많은 아빠가, 더욱 많은 사람이 누군가를 돌보는 시간을 충분히 가져 본다면, 그 시간 동안 내가 지워지는 경험을 해 본다면 사회 체제의 혁명이 일어날 거라고.

돌봄의 시간은 보이지 않는다. 귀찮고 버겁지만 누군가는 해야 할 일. 그래서인지 돌봄 노동은 돌봄을 필요로 하는 약자만큼이나 만만하고 취약한 대상에게 전가된다. 여성, 노인, 저임금 노동자, 또는 백수에게. 성공 가능성 높은 이들은 해서는 안 되는 천한 일인 양 취급한다.

그러나 우린 누군가의 돌봄 없이 하루도 살아갈 수 없다. 어릴 적엔 누군가 나를 돌보았고 건강한 성인일 땐 누군가를 직접, 간접적으로 돌보고 나이가 들면 누군가의 돌봄을 받는다. 돌봄은 맞물려 있다. 아무리 돌봄의 고통을 피해 가려 해도 결국 각자 몫의 돌봄이 주어지고 누군가에게 돌봄의 빚을 진다.

돌봄은 이렇듯 그림자처럼 따라다니지만 주의를 기울이지 않으면 보이지 않는다. 그런데 사회적으로 돌봄을 드러내면 어떻게 될까. 아이, 배우자 또는 늙은 부모를 돌보는 상황이 아니더라도, 누구나 어느 수준의 돌봄에 자신의 신체적, 정서적 헌신을 내어 주고 살아가야 한다는 걸 인정한다면, 성별 가리지 않고 어릴 때부터 꾸준히 배우고 익히게 한다면, 돌봄의 시간과 노력을 꾸준히 수치화, 가시화한다면, 돈을 벌고 생산성을 높이는 다른 일과 동급으로 취급한다면, 그리하여 저마다 돌봄의 수고를 안다면.

공교육 과정에 성별 관계없이 돌봄을 경험하는 교과가 들어가면 어떨까? 성교육에 임신, 출산, 육아 정보를 극사실주의로 보여 줬으면 한다. 여성조차 몸에 어떤 변화가 일어나는지 모른 채 엄마가 되어 버린다. 만삭일 때 반듯이 누워 잘 수조차 없다는 것도, 자연 출산 후 2주 동안 '오로'라는 피가 나와 큰 기저귀를 차고 있어야 하는 것도 모른다.

아기는 스스로 잠들지 못하며, 두세 시간마다 깨는 수면이 길게는 2년 넘게 이어진다는 사실도 엄마가 되기 전까진 어디에서도 듣지 못했다. 어떤 일을 겪는지 제대로 알려지지 않은 걸까, 나만 모른 걸까.

남녀 학생 모두 아이 이유식 먹이기, 똥 기저귀 갈아 보기, 놀이터에서 놀아 주기 등 돌봄 실습을 경험해 보았으면 한다. 몸이 불편한 노인이나 아픈 사람을 부축해 지하철 타기도. 한 번 말고 지속적으로, 봉사 점수와 하등 관계없는 필수 코스로.

난 돌봄의 경험이 사람을 어떻게 바꾸는지 겪었다. 내가 변했고 내 옆의 사람도 변했다. 나의 남편은 건강한 성인 남성이자 정규직 직장인으로서 사회적으로 차별이나 피해, 불편을 직접 겪는 일이 거의 없다. 그러나 종종 다섯 살배기 여자아이를 혼자 데리고 다니면서, 여자아이를 남자 화장실에 데려갈 일이 생기면서, 음식점을 찾아다니면서, 공공장소에서 날뛰는 아이를 달래 가면서, 끝없는 불편을 겪는다. 내가 위염에 걸려 앓아누워 있을 때도 내 앞에서 치킨을 뜯던 남편, 하나부터 열까지 일일이 시켜야만 겨우 하던 남편은,

이제 아이가 흘린 콧물을 맨손으로 닦아 주고, 아이의 칭얼거림이 배고픔 때문인지 졸음 때문인지 헤아리고, 쉬 마렵다고 하면 나보다 먼저 벌떡 일어나 아이를 안고 가는 아빠가 되었다. 사람이 달라졌다. 무엇보다 세상을 자기 위주로 바라보지 않는다.

약자를 배려하는 태도를 배우고 자기 돌봄이 가능하도록 훈련하고 주변 환경에 대한 애정을 갖도록 하는 활동이 필요하다. 그런데 '군대 경험'은 돈 주고도 일부러 하면서 왜 '돌봄 경험'은 하지 않으려 할까. 강자에게 무릎 꿇고 복종하고 굴욕을 당하는 경험의 가치는 숭앙하면서 왜 약자를 보살피는 가치는 경시할까.

돌봄은 저임금 돌봄 서비스가 아니어야 한다. 조금 능력 있고 잘나면 외면해도 그만인 무엇이 아니라 누구나 배우고 익혀 가야 하는 일이다. 그래서 저마다 돌봄을 감내할 작정을 하게 된다면 우리는 좀 더 달라질 수 있지 않을까.

앞에서 목발 짚고 가는 노인을 성가시다 여기지 않고, 건강 약자를 짜증 어린 시선으로 보지 않고, 뛰어다니는 아이를 눈살 찌푸리며 보지 않을 수 있을까. 동료가 돌봄의 시간을 보낼 때 언젠가 그 시간이 나에게도 올 수 있음을 알고 기다려 줄 수 있을까. 돌봄의 시간이 앞길 가로막는 방해물로 전락하는 일은 없어질까.

돌봄 노동을 하찮게 취급하는 사람들, 나 아닌 누군가 하면 그만이라고 하는 사람들에게 당신이 언젠가 겪을 일임을 알게 하기. 그리하여 돌봄의 시간 동안 지워지고 뭉개지고 미뤄지고 실패하는 목표, 성취, 효율을 단절이나 퇴보라고 보지 않기. 저마다 멈춤의 시간을 겪게 함으로써 세상의 속도를 늦추기. 그 시간이 가지는 가치를 서로 인정해 주기.

돌봄 노동을 통해 겪는 자아 분열, 때로는 인격의 퇴행, 가시적 성장의 멈춤, '반성장'은 오로지 직진만을 허락하는 현대 사회에서, 오로지 긍정과 성장만을 찬미하는 발전주의 사회에서 극히 희소하고 귀중한 경험이다. 내가 뭉개지는 어둠의 시간 속에서 타인의 느린 걸음 또한 받아들이는 법을 배운다. 돌봄의 시간, 나를 지워 가는 시간, 그 침잠의 시간 속에서 우린 이전과 다른 사람이 되어 간다.

5장 내가 지금 서 있는 곳

"이 시대 엄마가 된 여성들에겐 육아와 자기 계발이라는 두 가지 의무가 주어졌다. 자기 인생을 적극적으로 개선해 가는 깨어 있는 개인이 돼야 하는 동시에 아이의 인생을 훌륭하게 만들어 주는 엄마여야 한다. 이 두 가지를 동시에 이룰 수 있을까? 모성애 이데올로기는 여성에게 자신을 지우라 강요하고, 신자유주의 이데올로기는 자기를 끊임없이 갱신하고 계발하라고 한다. 그리고 변화한 시대의 육아서들은 두 가지가 합치될 수 있다고 말한다. 단, 네가 죽도록 노력한다면. 이건 희망일까, 기만일까."

나는 엄마와 아내에게 요구되는 역할과 갈등하고 불화했다. 해명하고 싶어 책을 읽었고, 정체성의 혼란과 번뇌를 글로 풀고자 했다. 그중에는 오마이뉴스에 연재한 「위기의 주부」라는 에세이가 있다. 이번 장에서는 그 기사들을 정리한다.

요즘의 육아가 힘든 이유

모든 건 독박 육아 때문일까

아이가 막 두 돌 지났을 무렵, 한의원에 보약을 지으러 갔었다. 진맥을 짚어 보던 한의사는 맥이 너무 약하다며 혀를 찼다. 같이 갔던 엄마가 말했다. "얘가 맨날 그렇게 힘들어서 죽으려고 해요." 엄마와 비슷한 연배로 보이던 남자 한의사는 고개를 설레설레 저었다. "요즘 엄마들은 뭐가 힘들다는 건지, 손빨래를 하나, 천 기저귀를 쓰나."

책 『82년생 김지영』에도 나오는 한의원 에피소드는 요즘 엄마들이라면 한 번쯤은 겪었을 일이다. 이뿐만이 아니었다. 아이 키우기 힘들다고 하소연할 때마다 나보다 일찍 아이를 키운 육아 선배들에게 위로와 공감보다 "나는 더 힘들었다"는 말을 들어야 했다.

물티슈가 흔하지 않던 시절, 남편 손에 물 한 방울도 안 묻히는 게 자랑이던 시절, 시부모 밥도 해야 하던 시절과 비교한다. 심지어 아이 업고 냇가 찬물에 빨래하던 조선 시대 어머님들까지 소환하기도 한다.

전엔 더 힘들게 키웠는데 세탁기, 건조기, 청소기, 스마트폰, 외식, 남편 도움받는 주제에 불평하지 말라는 거다. 기어들어 가는 목소리로 "예전은 예전이고 지금은 지금이죠" 같은 궁색한 답변만 해야 했다. 누가 더 힘든지 내기하자는 말도 아니고 단지 공감을 바랐을 뿐인데.

섭섭했지만 선배들 말마따나 분명 기술적 발전과 각종 복지 혜택에도 불구하고 왜 여전히 육아는 힘든지, 아니, 나를 비롯한 엄마들이 왜 이토록 힘들어하는지 궁금했다.

2016년과 2017년 육아 키워드는 '독박 육아'였다고 한다. '주변 사람이나 가족의 도움 없이 혼자 하는 육아'라는 뜻으로 현대 육아의 세태를 표현하는 함축적이지만 적나라한 말이다.

요즘 엄마들은 즐겨 쓰지만 이 말을 싫어하는 사람들도 많다. 원래 엄마 혼자 아이를 보아 왔는데 왜 새삼스럽게 독박이냐고 정색하기도 한다.

"패자 한 명이 모든 걸 뒤집어쓴다는 말을 신성불가침한 육아에 붙여 버리다니! 생명을 기르는 기쁘고 숭고한 일을 하면서 독박 쓴다고 하다니! 자기 자식 돌보는 게 그렇게 피해 보는 일이야?"

독박 육아, 불편하고 거슬리는 말이 맞다. 기존의 통념에 물음표를 제시하기 때문이다. 육아는 엄마만의 몫이라는 뼛속 깊이 새겨진 전제에 의문을 제기한다. '왜 나 혼자 해야 되는데?'라고 묻고, 도움을 받을 수 없는 상황을 당연하게 여기지 않는다. 육아는 기쁨 그 자체이므로 부정적 감정을 내비쳐서는 안 된다는 암묵적 강요에도 반기를 든다. 내 자식 내가 보지만 때론 억울하고 힘들다며, 엄마도 아이 키우기의 고충을 드러낼 수 있는 지극히 평범한 사람임을 보여 준다.

불평은 꿀꺽 삼키라는 '육아엄숙주의'의 틀 안에선 인식할 수 없다. 엄마와 아이 오직 단둘이 집 안에 갇혀 24시간 부대껴야 하는 상황. 오로지 엄마 혼자서 아이를 먹이고 재우고 놀아 주고 가르치고 훈육하면서 친구도 되고 선생도 되며 무한 변신하는 상황. 양육의 책임과 결과를 단 한 사람에게 덮어씌우는 상황이 당연시되는 육아 방식은 역사를 통틀어 없던 일이었다.

지금과 같은 핵가족의 모습이 갖춰진 건 서구에선 아무리 길어도 2백 년이고, 압축적 근대화를 겪은 우리 사회에선 불과 4~50년도 안 되는 새 벌어진 일이다.

독박 육아는 현대 사회상의 한 단면이며 육아하며 겪는

고충을 여실히 표현해 줬다. 엄마들은 자신이 느끼는 힘겨움을 구구절절 말하고 설득할 수고 없이 독박 육아라는 언어를 빌려 항변할 수 있게 되었다. 무엇보다 육아는 혼자 하는 일이 아니라는 사회적 공론장을 만들었다. 육아를 사회 문제로 부상시켰다.

그러나 모든 것이 독박 육아 때문이라고 말하기엔 조심스럽다. 독박 육아라는 프레임의 편리함과 명쾌함만큼, 복잡하고 다양하게 얽혀 있는 사회 문제들을 단순화하고 축소할 위험이 있기 때문이다.

나는 엄마 혼자 모든 양육의 짐을 져서 힘들다고 쉽게 해석해 버리고 싶진 않다.

양육자에게 부과되는 책임이 어떤 모양으로 생겼는지, 무엇 때문에 그토록 과중하게 되었는지, 왜 기술의 발전에도 불구하고 아이 키우기에 소모되는 정신적, 물리적 에너지는 더 늘고 있는지, 왜 여성들은 더 이상 육아를 나의 온전한 일로 감내하지 못하는지, 그럼에도 불구하고 왜 역사상 가장 많이 육아에 시간을 투자하고 공부하고 잘하려 애쓰는지. 나약한 개인의 문제로 보기보다 어떤 구조에 결박되어 있는지를 알고 싶었다.

어린아이를 돌보면서 겪는 일반적이며 육체적인 어려움이 있다. 극심한 수면 부족과 화장실도 편히 가지 못하고, 하루 한 끼도 제대로 못 먹는 양육자의 기본권 문제는 여기에서 제외하려고 한다. 그보다 과거의 엄마들과 다르게 천 기저귀를 쓰지 않고 각종 가전의 도움을 받고, 궁금하면 바로 검색해서 찾아볼 수 있는 육아 정보 속에서도 왜 엄마들이 과도한 스트레스를 겪는지 살펴보고 싶다.

『모성애의 발명』, 『사랑은 지독한 그러나 너무나 정상적인 혼란』, 『부모로 산다는 것』은 내가 글을 쓰며 참고하고 인용한 책이다. 독일 사회학자와 미국 언론인의 연구서이다. 육아의 어려움은 비단 한국 사회에서만 도드라지는 특수성이 아니고, 개개인의 호들갑 또는 무능력도 아니었음을 이 책들을 통해 확인했다.

아이의 미래를 만들라는 명령

우리 집에 있는 어르신. 이분은 툭하면 울고 소리 꽥꽥 지르고 먹다가 뱉어 내고 쉴 새 없이 어지르며 모든 것을 제 기분 내키는 대로 한다. 그 상전 옆을 졸졸 따라다니는 두 명은 그분이 배고프려나, 까불다 넘어지려나, 감기 들지 않을까 전전긍긍. 천방지축 상전에게 시달리면서도 귀엽다고 물고 빨고 하는 걸 보면, 이 사람들, 아무래도 뭔가에 단단히 씌었다.

"쪼그만 것에게 쩔쩔맨다." 부모님은 남편과 나를 보며 혀를 끌끌 찼지만, 이 세상에서 가장 소중한 나의 아이를 사랑하는 다른 방법을 우린 배우지 못했다. 맞춰 주고 받아 주며, 먹이고 재우고 놀아 줬을 뿐이다. 누군가는 이런 양육 태도를 유난이라거나 부모가 권위가 없다며 꼬집겠지만, 약간의 정도 차이일 뿐 이 말엔 반박할 수 없을 것이다. '아이를 보호하고 지켜주고 사랑을 듬뿍 줘라.' 그 누구, 이 숭고한 자식 사랑을 부정할 수 있는가.

아닐 수도 있단 말인가?

맞다. 아니었다. 현대의 부모와 달리 전근대 농촌 사회에서만 해도 아이에 대한 유별나고 지극한 관심은 매우 낯설고 생소했다. 아이들은 단지 어른의 축소판일 뿐이어서 아이라는 이유로 배려받거나 보호받지 않았다. 자식도 경제적인 이득 때문에 낳았다. 서민에겐 노동력이었고 귀족에겐 가문 유지에 필요한 자손이었다. 적절한 피임도 할 수 없었고 유아 사망률도 높았기에 일단 낳고 봐야 했지만 때로 너무 많은 자식은 부모에게 짐이어서 태어나자마자 버려지기도 했다.

아이들에 대한 기본 태도는 무관심과 방임이었다. 따로 들이는 금전적 비용과 시간은 없었다. 아이들은 밭일과 들일 사이에서 방치된 채 부모의 일을 도우며 커 갔다. 부모가 아이들의 일거수일투족을 들여다보고 기질은 어떤지, 말이

느릴까 빠를까 발달을 따져 보는 일도, 애착이니 뭐니 하며 감정적으로 얽혀 들 여유도 없었다. 지금처럼 엄마 한 명이 아이를 온종일 끼고 있는 경우 역시 없었다. 건강한 젊은 여성은 너무도 귀중한 노동력이어서 아이 돌보기에 매이면 안 되었다. 옛날이야기 같아도 불과 3~40년 전 한국 농촌 사회에서 나의 큰어머니가 오 남매를 키운 방식이기도 하다. 사촌 언니 오빠들은 코 찔찔 흘리며 논밭을 뒹굴면서 컸다. '육아'라는 말조차 없던 시대였다.

특정 연령대를 '아동'으로 부르며 어른과 구분하고 특별한 보호와 관심을 주기 시작한 건 서구에서도 백 년이 채 되지 않는다. 아동은 노동자, 주부, 회사원, 청소년, 학생처럼 근대에 탄생한 신개념이었다. 다른 역할이나 직업처럼 아동에게도 연령과 위치에 맞는 표준적인 행동과 과업이 주어졌고 부모에게도 할 일이 생겼다. 자식을 자기보다 더 나은 인간으로 만드는 것이다.

산업화가 진행되면서 정체성과 소속감을 굳건하게 유지해 주던 종교와 전통이 영향력을 상실하고 신분제가 붕괴되면서, 사람들은 자신의 운명을 개척해야 할 의무 역시 떠맡았으니 그 중심에 교육이 있었다.

'배워야 산다!'

타고난 신분을 극복할 가능성이 열린 만큼 자식의 결함

은 더 이상 신의 실수도, 겸허히 받아들여야 할 숙명도 아니었다.

'자식의 단점을 교정하고 특기를 찾아 주고 증진시켜라, 그것이 바로 부모인 당신들이 해야 할 의무이다!'

부모 역할에서 자식의 의식주 해결은 충분이 아니라 기본에 불과하게 되었다. 이제 부모는 아이의 신체, 인지 발달을 위한 장난감이나 책을 정기적으로 사 주어야 하고, 하루가 다르게 바뀌는 교육에 대한 정보를 습득해야 하고, 아이가 예의 바르고 밝은 인성을 가질 수 있도록 정서도 주시해야 하고, 부모 자신의 태도와 말투도 검열해야 한다. 무심결에 화내며 내뱉은 말이 아이에게 치명적인 상처를 줄 수도 있으니 말이다.

배 속에서부터 시작되는 이 '인생 개조 프로젝트'에는 태아, 신생아, 영아, 유아, 소아, 어린이로 분류된 각 연령에 따른 발달 과업이 치밀하게 배치되어 있다. 그 속에서 우리가 알게 모르게 빠진 함정이 있는데 아이들에게 제공되는 각종 교육은 더 나은 인생, 훌륭한 사람으로 자라게 할 방법이면서 사실상 산업 사회에 적합한 노동자(좋은 말로 인재, 일꾼. 다른 말로 노예)를 양성하기 위한 훈육에 목표가 있다는 점이다. 그렇기에 아이들을 위한 노력의 뒷면엔 성과에 대한 압력이 자리한다.

언제 걷고 말하느냐부터, 언제 문자를 습득하고 책 읽기가 가능한지, 사회적 관계를 얼마나 원만히 맺는지가 일종의 육아 성과 지표처럼 여겨지게 되고, 표준적인 발달 기준에 못 미칠 경우, 아이에게 심각한 신체적/정신적 하자가 있는 건 아닌지 유심히 봐야 한다. 이 모든 것도 역시 부모에게 달렸다.

요즘 엄마들처럼 나 역시 아이를 길러 본 경험이 전혀 없는 상태에서 아기를 낳았다. 아기에 대해 아는 것이 없었지만 잘 키우려고 노력했다. 하지만 언제나 엇갈렸다. 정성스럽게 이유식을 만들어 주면 편식 없는 식습관이 잘 잡힐까? 단호하고 일관된 태도를 유지하면 아이가 내 말을 잘 들을까? 예민하고 까다로운 아이를 순한 양처럼 길들였다는 엄마들의 간증과 육아서의 정보를 취합해 보면 모든 건 나의 잘못이었다.

양육 지침을 주도하는 발달 심리학의 가설은 일생의 첫 몇 년을 놓치면 평생 발전할 기회를 잃는 거라 말하며 엄마만이 애착의 중심 역할을 할 수 있다고 강조했기에, 나는 어린이집에 일찍 보낸 것에도 늘 죄책감을 가져야 했다.

모든 부모 교육과 육아 정보, 전문가들의 말을 총합해 보면 엄마는 자식 전문가가 되어야 한다는 것으로 귀결된다. 아이의 기질, 식성, 체질, 발달 사항을 면밀히 관찰하고 파악해서 적절한 양육 기술과 태도를 행하라!

그러나 아이가 다섯 살이 된 지금까지도 난 아직 내 자식을 모르겠다. 기관지가 약하고, 활동적인 놀이를 좋아하지만 겁도 많고, 미술에 적성이 있는 거 같기도 한데……. 육아 및 의학과 심리학 연구는 수시로 갱신되고, 새로운 학습법, 갖가지 상품이 하루가 멀다고 쏟아지기에 내가 아이에 대해 알아야 할 것과, 아는 것의 간극은 계속 벌어진다.

더군다나 유난 떤다고 할 만큼 먹이고 재우는 일에 정성을 들임에도 지인이 물려준 전집 이외에 새로운 책을 읽어 주지도 않고 한글은 시작조차 안 했으며 과자나 가공식품도 잘 먹이고, 유튜브도 자주 틀어 주며, 때로 아이에게 소리도 지르는 나는, 다른 노력에도 불구하고 아이를 방치하는 건 아닌가 불안해진다.

『사랑은 지독한 그러나 너무나 정상적인 혼란』에서 엘리자베트 벡 게른스하임은 엄마들이 처한 상황을 탁월하게 분석했다.

"육아는 항상 쌍방 관계이기 때문에 '아이에 대한 과학의 정복'은 엄마에 대한 정복이기도 하다. 이론들의 그물이 아이에게 던져지지만 엄마들이 그 안에 붙잡힌다."

아이를 위한 정보라 해도 결국 엄마를 통제한다는 말이다. 전문가의 충고 따위 무시하면 그만이지 않느냐고 말할지 모르겠다. 그러나 온갖 매체에서 쏟아 내어 일상 깊숙이 침투하는 명령을 보란 듯이 거부할 수 있을까. 그 메시지들은 *"아이의 요구를 무시하면 아이에게 해를 줄 것이고 아이가 삶에서 성공할 기회를 망치는 것이라는 후렴을 반복"*한다. 메시지를 거절하는 엄마에겐 힐난과 비난이 돌아온다. "엄마가 저 모양이니 애가 저렇지."

오로지 비정하거나 독하거나 게으른(그렇게 보이는) 엄마, 또는 인터넷을 비롯한 각종 정보와 주변 관계를 끊어 낸 엄마만이 명령을 거부할 수 있다. 그렇다고 아이에게 쩔쩔매면 유난스럽거나 예민한 엄마라고 한다. 항시 곁들이는 조언을 보면 관심과 사랑으로 적절한 육아를 하면서도 아이에게나 주변에 부담스럽지 않도록 양육자 본인이 우선 즐거워야 한다니, 대체 그 경지는 어디쯤일까.

무관심 속에 컸고 때로는 원치 않던 짐이었던 자식은 이제 역사상 유례없는 관심과 사랑을 받는다. 불안정하며 계산적인 세상에서 아이는 단단한 발판이며 그 자체로 삶의 의미이며, 내면의 성장을 추동하는 기회이자 기쁨이다. 자식은 이제 어마어마한 *'심리적 효용성'*이란 가치를 지니게 되었다. 그리고 그 덕에 우린 또 다른 대가를 치른다.

내 아이의 전문가가 되어야만 한다는 압력, 아이의 결함을 교정할 수 있다는 확신, '아이의 미래가 부모에게 달렸다'는 현대 사회의 절대 진리를 받아들여야 한다. 온갖 판관이 사방에서 도끼눈을 뜨고 지켜보는 와중에, 가장 소중한 존재에 대한 이러한 요구를 과연 얼마나 거절할 수 있을까. 현대의 육아가 고달픈 첫 번째 이유다.

대체 누구 말이 맞는 거야?

아기를 낳고 집으로 데려오자마자 당면한 문제. 어떻게 재울 것인가.

2014년엔 적절한 수면 습관을 갖게 해 혼자서도 잘 자는 아기로 키워야 한다는 '수면 교육'이 부상했다. 반대파도 있었다. 그들은 아기의 욕구를 바로 받아 주지 않으면 심각한 트라우마와 애착 장애를 초래할 수 있다고 우려하며, 아이와 함께 자기가 얼마나 아름다운 경험인지 강조했다.

세 시간마다 젖을 주는 밤중 수유로 좀비가 되던 시절, 어떻게 하면 통잠 자는 아기로 만들지 고민하며 온갖 책을 뒤적거렸다.

『베이비 위스퍼』, 『잘 자고 잘 먹는 아기의 시간표』, 『잠들면 천사』, 『프랑스 아이처럼』 등 책의 내용에 따라 아기가 울어도 바로 안아 주거나 젖 물리지 않았고 오후 7시만 되면 모든 커튼을 치고 시체처럼 누워 아기가 잠들기를 기다렸다.

친정 부모님은 이런 나를 보며 울 때마다 젖 물리면 그만이고, 안 자면 재우지 말라고 하셨다. 반면 소아과 의사들의 과학적 육아서에는 밤 10시 이전, 심지어 8시부터 재우지 않으면 성장에 지장이 생길 수 있다고 쓰여 있었고 젖 물고 자는 습관을 들이면 깰 때마다 엄마를 찾을 거라고 했다.

그러나 아기에게 수시로 젖 물리면서 평화롭게 재우는 엄마들을 보면 아기와 애써 씨름할 필요가 있는 걸까 헷갈렸고, 젖 물려 재운 탓에 세 돌 넘어서까지 가슴을 만진다는 이야기를 들으면 또 흔들렸다. 엄마 없이 혼자 뒹굴뒹굴하다가 잠든다는 천사 아기는 대체 어디 있는지 내가 뭘 못하는지조차 파악 안 되던 날들이었다.

수면 문제뿐이랴. 이유식만 해도 생후 6개월부터 철분을 위한 소고기 섭취가 정설로 받아들여지지만, 아기들에게 과한 단백질과 육류 섭취를 제한해야 한다는 채식 위주의 이유식도 있다. 그뿐이랴. 식재료 덩어리를 자기 손으로 직접 먹게 하는 아기 주도 이유식도 등장했다.

물 말은 밥에 간장 찍어 먹인 어른들이 보기엔 유난도 이런 유난이 없을 테다. 그렇지만 정성 들인 '엄마표 이유식'을 유치와 소화 기관 발달에 따라 단계별로 진행하지 않으면 편식이나 씹기를 거부하는 섭식 장애가 생길 수 있다고 하는데 어찌 안 따르고 배길 수 있을까.

내 아이는 아무리 잘해 먹여도 덥석덥석 먹지 않았다. "8개월부터 된장국에 밥 말아 줬더니 잘 먹는다"는 말과 "일찍 어른 음식 먹였더니 짜거나 단 것만 찾는다"는 말 사이에서 고민하다 이른 식습관의 최종 답안은 잘 먹는 건 타고나는 거라는 정신 승리였다.

갈팡질팡할 때 제니퍼 시니어의 책 『부모로 산다는 것』에서 *"다중의 확신"*이란 말을 접하고 이거다, 싶었다.

"(과거엔) 어떤 개인이 아무리 무지하고 서투르다고 하더라도, 이런 개인들 뒤에는 다중의 확신이 확고하게 자리를 잡고 있었다. 부모는 그것을 따르기만 하면 되었다(마거릿 미드, 인류학자)."

우린 '다중의 확신'이 상실된 시대에 살고 있는 듯하다. 합의된 상식의 부재를 느낀다. 이 좁은 땅덩이에 온갖 나라의 육아법이 난무하는 상황을 보라. 혼자 잘 먹고 잘 자는 아이로 키운다는 프랑스 육아, 적당한 느슨함으로 완벽을 추구하지 않는 스웨덴 육아, 다그치지 않고 욕심내지 않는다는 핀란드 육아, 엄하게 키운다는 독일 육아. 훈육, 방임, 통제, 애착에 대한 각양각색의 조언이 범람하고 저마다 자기네 방법이 옳다고 주장하는데 갈피를 잡을 수 없다.

심지어 전문가라고 하는 사람들조차 말이 다르고 한때

정설로 믿었던 가설이 뒤집힌다. 30년 전만 해도 분유를 선호했지만 요즘은 산후조리원에서부터 모유 수유 훈련을 한다. 훈육을 생후 24개월 이전부터 하느냐 아니면 그 후에 하느냐를 두고도 논란이다. 한글과 영어 교육 시기에도 공방을 벌이는데 육아 산업 종사자들은 결정적 학습 시기를 놓치면 큰일 날 듯 말하지만 반박 또한 거세다. 이뿐 아니다. 콧물 나서 소아과만 가도 의사마다 처방이 다르다.

사지선다형 객관식 문제처럼 정답이 하나만 있으면 좋으련만, 불행히도 우리는 주관식의 세계에 산다. 답이 없다는 말은 모든 것이 정답일 수도 있다는 말이지만 내 아이에게 맞는 답을 찾기까지는 길을 하염없이 헤매야 한다.

그럼에도 성공 확률은 낮다. 『엄마가 행복한 육아』에서 김수연 박사는 냉정히 일갈한다.

"엄마는 자신의 성격대로, 그리고 습득한 육아 정보대로 자녀를 양육합니다. 엄마의 양육 방법이 우연히 아이의 발달 특성과 잘 맞물리면 엄마가 목표한 대로 아이가 잘 자랍니다. 이럴 때 '엄마하고 아이의 궁합이 잘 맞는다'고 표현을 하지요. 하지만 저의 임상 경험으로 봤을 때 이런 경우는 20% 정도에 불과합니다. 나머지 80%는 엄마가 아무리 열심히 노력하고 연구해도 양육법이 아이의 발달 특성과 맞지 않아서 원하는 목표를 달성하기 어렵습니다."

80%의 엄마가 아무리 노력해도 아이를 뜻대로 키우지 못한다니! 불행히도 나도 여기에 속했다.

배 속에서 열 달 길러 나왔지만 어찌 자식을 알겠는가. 겪어 가며 알아 갈 수 밖에 없다. 이 과정에서 체력과 정신력, 시간을 상당히 소모한다. 책 육아가 좋다 해서 전집을 잔뜩 사도 아이가 보지 않을 수 있고, 활동적인 신체 놀이를 해줘도 아이는 정작 미술 놀이를 더 좋아할 수 있다. 뭐든 해보기 전엔 모른다. 그렇다고 아무것도 하지 않으면 아이의 소질과 적성 계발을 나 몰라라 하는 엄마가 될 것만 같다.

아이와 부모를 향한 육아 시장엔 오만 가지 육아법이 전시되어 있다. 잘 고르면 그만 같지만 이 상품들은 대체로 비용 대비 효과를 장담할 수 없다는 단점이 있다. 100% 맞춤형인 엄마표 놀이 또는 공부도 투자 대비 성과를 예측할 수 없는 리스크를 안고 있다. 어찌해야 하는가.

주변을 둘러보니 내 아이는 내가 가장 잘 안다는 신념을 고수, 뼈를 깎는 자아 탐구, 번뜩이는 직관에 의지해 자신만의 방법을 차분히 밟아 가는 엄마들이 있었다.

한편 답을 명쾌하게 제시해 주는 육아 전문가를 찾아다니는 부류도 있었다. 최대한 명확한 방향을 제시할수록 엄마들은 열광한다. '이게 답이야! 이만큼만 하면 돼!' 하라는 대로 했더니 우리 아이가 달라졌다는 증언이 속출. 그렇지 못하는 나 같은 엄마는 또 머리를 쥐어뜯는다.

줏대도 확신도 없는 엄마인 나는 안 되면 아이 탓이고, 잘 되면 내 탓으로 돌렸다. 아이 기질 따라 다르다는 반육아서파에 붙었다가, 해 봤다가 잘되면 육아서파에 붙으며 메뚜기처럼 옮겨 다녔다. 그러다 될 대로 되라며, 어찌 됐건 아이는 큰다는 믿음으로 방임하기도 했다.

육아는 과학이 되었지만, 과학마저 불확실한 세상이다. 넘치는 불확실성은 확실성을 갈망하는 우리의 육아를 어렵게 한다.

나는 하늘을 향해 외치고 싶었다.

"제발 내 아이에게 맞는 답을 알려 주세요!"

먼 곳에서 대답이 울려 퍼진다.

"아이는 엄마가 가장 잘 아느니라. 아느니라. 아느니라……."

어떻게 아이를 기를 것인가. 자유로운 선택이라는 명분 아래 온전히 부모 개인에게 맡겨지지만, 결국 엄마들을 옭아매는 건 모든 야단법석 끝에 선택한 방법의 결과와 책임도 오로지 혼자 감당해야 한다는 뼈저린 사실이다.

샌드위치가 된 엄마들

아이를 키우는 동안 내가 가장 힘들었던 건 육아 자체보다 남편과의 관계, 소원해지는 가족의 친밀감이었다. 남편은 자정 넘어 퇴근하는 날이 잦았고 회사에서 강요하는 야근을 거부하지 못했다. 남편을 미워했고 회사를 증오했고 사회를 원망했으며 나의 처지를 한탄했지만 우린 둘 다 암묵적으로 동의하고 있었다. 한 명이라도 직장에서 성공해야 우리 가족에게 도움이 된다고, 돈 버는 일이 육아보다 중요하다고.

일에서의 성공과 육아라는 돌봄의 시간은 양립할 수 없었다. 시간 외 근무, 초과 근무를 기꺼이 하고 새로운 영역에 유연하게 적응해 가며 자기 계발을 해야 직장에서 성공, 아니 최소한 도태되지 않을 수 있고, 연봉이 오르며, 그래야 아이를 대학까지 수월하게 교육시킬 수 있다. 그러나 아이러니하게도 이 모든 노력은 우리의 공동 육아를 방해하고, 식구들 사이를 삭막하게 했다. 아이는 아빠를 낯설어했고 나도 남편에게 마음을 닫았다.

고용은 불안정하고 직장 내의 경쟁도 심해지니 남편도 살아남기 위해 발버둥 치는 중이었다. 그런데 남편이 일을 많이 하면 우린 안정된 가정을 꾸릴 수 있을까? 아닐 것이다. 돈 버는 자와 아이 보는 자로 나뉘어 각자의 역할에만 충실할 뿐 대화는 끊겼다. 허울만 가족이었지 실상은 남보다 못했다. 경제적으로는 탄탄해질까? 물가 높고 불안정한 세상에서 한 사람만 부양의 짐을 짊어지고 있기에 오히려 위태롭다.

부부 모두 직장에 다니면 다를까. 일하는 개인은 비틀거리는 무한 경쟁의 사다리에 아슬아슬하게 서 있다. 다른 가족의 도움 없이 육아와 일에 양쪽 다리를 걸치고 있는 여성들은 가랑이가 찢어진다. 그 와중에도 '더 성공 가능성 있는' 남편들이 회사에 헌신하도록 양보한다.

결혼하고 아이 낳고 직장 다니고 집 있으니 안정된 삶을 살리라 상상했던 '홈 스위트 홈'은 없었다. 가족은 너무도 연약하고 취약했으며 언제든 바깥 세계의 노동에 자리를 내어 줘야 했다. 가족을 유지하기 위해 돈을 버는 걸까? 돈을 벌기 위해 가족의 틀을 유지하는 걸까?

가족이 서로를 돌본다는 건 무얼까. 밥해 주기, 청소하기 혹은 돈 벌어오기만이 아니라 함께 시간을 나누고 보내는 일 아닐까. 그러나 직장과 사회는 그런 시간을 자꾸만 쓸모없거나 성공을 가로막는 시간으로 치부한다. 가족을 위한 헌신을 기꺼이 포기할 개인을 원한다. 자기와 타인에 대한 돌봄을 하지 못하도록 일에 체력 전부를 소진시킨다. 남편 역시 이런 사회 분위기와 싸워야 했다. 정시에 퇴근할 때마다 회사 눈치를 보면서, 이러다가 잘리는 거 아니냐고 걱정하면서. 왜 가족과 보내는 시간까지 억압당해야 하는 걸까.

아이 키우기가 어려워진 또 다른 이유는 생활 환경 때문이라고 본다. 아파트 생활에는 비슷한 평수에서 비슷한 모양새로 사는 삶이 주는 안전함과 안락함, 타인과 차단되는 익명성, 인터폰 하나에 달린 편리함이 있다. 나는 도시의 삶, 아파트의 삶이 좋았다. 그런데 아파트는 도시 생활에 최적화된 주거 환경일지 몰라도 아이를 키우는 데는 맞지 않았다. 단절과 고립은 둘째 치고 아이가 무조건 밖으로 나가기를 원했다.

떼쓰는 아이 달래기의 일인자 하비 카프 교수는 저서 『우당탕탕, 작은 원시인이 나타났어요』에서 다음과 같이 말했다.

"유아를 실내에만 두는 건 타잔보고 집에 있으라는 것과 같다."

책의 제목처럼 우리 아이도 아직 원시인에 가깝지만, 인류 탄생 이래 줄곧 바깥 생활을 해 온 DNA를 억누르고 실내 생활을 주로 하는 '신세대'에 속하게 되었다. 하비 카프 교수는 현대의 집은 지루하면서도 지나치게 자극적이라고 지적한다. 햇빛과 바람을 차단하고 시끄러운 텔레비전 소리와 형형색색 장난감으로 차 있다. 이런 환경에서 유아는 스트레스를 받고 짜증이 늘 수밖에 없다고 한다.

하지만 아이가 마음껏 뛸 수 있는 바깥 공간은 한정적이었다. 도시의 모든 장소는 목적과 기능에 따라 계산적으로 구획, 조직화되어 있다. 이걸 질서라고 부른다. 음식점에서는 앉아서 밥만 먹어야지 서서 놀아서는 안 되고, 마트에서는 물건을 사야지 노래를 불러서는 안 된다.

사회학자 엘리자베트 벡 게른스하임은 *"효율성과 계산 가능성, 정확성이라는 현대 소비 공간과 예측 불가능하고 전혀 합리적이지 않으며 제어되기 어려운 생기 넘치는 아이들 간의 충돌"*이라는 말로 우아하게 표현했는데, 몇 년 사이 첨예하게 드러난 '노키즈존' 논쟁의 핵심이 여기에 있다고 본다.

한마디로 원시와 문명의 만남이다. 그러다 보니 합리성으로 가득 차 보이는 문명의 소비 공간에 비합리적 원시인인 아이를 어떻게든 규율 속에 밀어 넣어야 한다.

도심의 공적 공간뿐만이 아니다. 아파트나 집 안에서도 끊임없이 일어나는 일이다. 만지지 못하게, 오르지 못하게, 뛰지 못하게 막아야 한다. 그나마 마음 편한 곳으로는 대형 마트나 키즈 카페처럼 부모의 지갑을 환영하는 소비 공간이다.

그러면 실내 공간만 잘 찾아가면 되던가. 아이들의 발달을 촉진하기 위해 자연이 필요하다는 압박 또한 느낀다. 그래서 날씨가 좋으면 기를 쓰고 어디론가 나갔다. 사실 공터만 있어도 아이는 흙 놀이 하며 잘 놀지만, 도시에서 잉여 공간을 그대로 둘 리 없다. 주차장이거나 공사판이다. 이런 까닭에 놀이터와 공원이 잘 구비된 도심이나 아파트 단지, 또는 시골에 살지 않는 이상 시간과 발품을 들여 이동해야 한다.

그러나 마음껏 뛸 수 있는 장소를 찾은 끝에 만난 건 미세먼지 수치 150㎍/m였다. 아무리 노력해도 개인적 차원에선 피할 수 없었다. 마음 비우고 욕심 내려놓고 할 것도 아니었다. 공기 좋은 산 밑으로 이사와도 너른 공터가 있어도 숲과 가까운 어린이집에 보내도 사교육을 많이 시키지 않아도 대기 수치가 최악일 땐 나가 놀게 할 수 없었다. 미세먼지 측정기를 구입해서 모니터링하기도 며칠, 노이로제 걸릴 지경이었고 어느 날엔 방심했다가 온 가족이 기침을 시작했다. 수치 확인하고, 마스크 챙기고, 아이 졸졸 따라다니며 마스크 끼라고 말하기도 엄마의 몫. 가뜩이나 먹거리나 다른 유해 환경도 신경 쓰이는데 공기까지 따져 가며 살아야 한다니.

엄마가 된 후 사방에서 외치는 말을 듣는다. 아이에게 최선의 조건과 환경, 정서적 베풂을 하라고. 아이와 충분한 시간을 보내고 사랑을 듬뿍 주라고. 마음껏 뛰어놀게 하라고. 그러나 현대 사회의 조건 자체가 아이의 욕구는 물론 돌봄의 시간조차 수용해 주지 않는다. 도심의 환경은 아이에게 적대적이고 부모들은 피곤에 찌들어 있다.

개인의 의지에 달린 걸까? 모든 건 핑계일까? 기를 쓰고 노력하며 이겨 내든 적당히 타협하든 요즘의 육아는 끊임없이 구획하고 조여드는 외부 환경과, 아이를 위해 추구하라는 사랑 사이에서 벌이는 분투다. 게른스하임의 말마따나 엄마들은 *"샌드위치 같은 위치"*에 놓였다.

모성애와 한 조각 나의 인생

계속 놀자는 아이를 울리면서까지 방의 불을 끄고 이불 위에 눕혔다. 나도 기절 직전이었다. 그러나 새근새근 잠자는 소리가 들리면 피곤했던 몸에 기운이 충전되며 벌떡 일어나곤 했다.

잠이 부족해 힘들어하면서도 잠들기 아까웠다. '나만의 시간', 그게 뭐라고. 글 한 줄이라도 끄적거리고 읽고 싶었다. 그래야 내가 살아나는 기분이었다. 지워지는 자아를 그렇게라도 간신히 유지하지 않고서는 견딜 수 없었다.

아이가 더없이 예쁘고 사랑스러우면서도 종종 나는 내가 지워지는 암담한 무력감에 휩싸였다. '나는 누구인가, 어디로 가는가.' 분명 아이에게 젖 물리는 이 사람도 나인데, 한 마리 짐승의 어미처럼 왠지 내가 아닌 것 같았다. 원할 때

책 읽고 맛 느끼며 음식 먹고 몰입해서 일하고 원하면 떠나던 삶은 어디로 갔는지. 거뭇한 내 얼굴을 마주할 때면 '자아'란 놈은 환영처럼 불쑥불쑥 나타나 나를 괴롭혔다.

'지금 네 모습은 네가 아니야~ 아니야~ 아니야~'

30년 넘게 "뭐든지 할 수 있다", "하고 싶은 일을 하라"라는 말을 들었고, 인생을 의지대로 끌고 갈 수 있으리라 믿었다. 그런 나에게 인생의 모든 기획이 송두리째 무너지고, 어떻게 해야 할지도 모르는 상황은 최초로 닥친 대재앙이었다.

알다시피 여성이 사회적으로 개인이자 시민으로 인정받은 건 얼마 되지 않는다. 근대 사회가 도래하며 가문, 종교, 신분의 굴레에서 벗어나 탄생한 '개인'은 오랫동안 남성의 것이었다. 개인도 시민도 되지 못한 여성에겐 다른 임무가 주어졌다.

엘리자베트 벡 게른스하임은 『모성애의 발명』에서 여성에게 모성이 부여된 배경과 과정을 차근히 설명한다. 산업화와 자본주의는 가문 중심의 공동체 삶을 깨뜨리고 핵가족이라는 파편을 만들었다. 점점이 박힌 가족이란 최소 단위는 험난한 세상에서 일하고 돌아온 식구들의 따듯한 보금자리가 되어야 했다. 누군가 바깥세상에서 일하는 대신 누군가는 가혹함을 보듬고 치유해야 했다. 여성이 '주부'로 호명되었다.

아이들을 산업 사회의 요구에 맞춘 노동자와 시민이 되도록 양성할 필요도 생겼다. 먹이고 입히기만 하면 안 된다는 뜻이다. 한 아이를 경쟁력 있는 인력으로 만들어 가는 섬세하고 중요한 일을 아무에게나 시킬 수는 없는 법. 전처럼 유모에게 맡기거나 먼 친척 집에 보내거나 거리를 싸돌아다니게 하는 건 무책임한 일이었다.

누가 아이들을 '전담 마크'할 것인가. 배 속에서부터 아이를 기르고 자기 몸으로 낳은 사람, 생물학적으로 가장 가까워 보이는 사람, '엄마'가 호출된다. 여성에게 가정을 돌보는 주부이자 자식을 양육할 의무를 짊어질 엄마라는 정체성이 부여된 것이다. 바로 성 역할의 탄생이다.

이때부터 자궁을 가진 여성이야말로 아이 키우는 데 적임자이며, 아이들은 엄마를 가장 필요로 한다는 논리가 구축되었다. 사회학, 철학, 심리학, 예술이 총동원되어 엄마에게 막중한 임무를 부여했으니, 그 이름 위대하고 숭고하며 거룩한 '모성애'여라.

『모성애의 발명』에 인용된 쿼쿼하고 음침한 칭송을 보자.

"난소는 여성의 체계를 움직이는 가장 강력한 힘이다……. 여성의 신의, 헌신, 끊임없는 각성과 선견지명 등 존경과 사랑을 불러일으키는 모든 정신의 속성과 기질. 이 모

든 것은 난소에 기원을 두고 있다." - 닥터 블리스, 1870년

남성 시민은 자유와 평등을 울부짖으며 태생적, 신분적 구속을 벗어던졌지만 여성에겐 본성이라는 명분하에 모성과 양육의 구속을 채웠다. 하지만 많은 연구가 말하듯 자식을 위해 내 몸 희생하고 헌신을 자처하는 모성애는 결코 여성의 몸에 새겨진 인자가 아니다. 아무런 감정조차 생기지 않는다는 말은 아니다. 최소한의 양육을 넘어선 깊은 애정과 헌신은 함께 시간을 보내며 키워 나가는 것으로, 아빠들의 부성 역시 마찬가지로 배양될 수 있다.

그러나 여성만이 양육과 돌봄의 적임자라는 모성 신화가 전 사회적 프로그램으로 진행되었다. 누군가 공장의 노동에 몰입할 수 있도록, 또 누군가 노동자로 양성될 수 있도록 모성이 무상으로 돌봄을 수행해야만 자본주의가 원활히 돌아갈 수 있기 때문이었다. 부르주아 여성을 중심으로 시작된 모성애 모델은 전 계층으로 확대되었고 육아의 중심틀로 자리매김한다.

여성에게도 고등 교육의 기회가 폭넓게 주어지면서 각성이 일어났다. 근대 교육은 여성을 '계몽'했고 자아를 깨웠으며 개인이 된 여성은 사유를 시작했다. 사유는 자기 위치를 질문하게 하고, 의문을 품게 한다. 왜 결혼을 해야 하는가, 왜 아이를 낳아야 하는가, 왜 일을 하지 못하는가. 왜 나만 아이를 보는가. 이제껏 감히 하지 못한 질문을 한다. 이제부터 여성의 딜레마가 시작된다. '타인을 위한 삶'이란 엄마 역할과 '나의 인생'과의 투쟁이.

위에서 언급한 『모성애의 발명』은 모성애가 근대 이후 산업 현장과 분리된 가족 제도 안에서 아동의 발달을 위해 인위적으로 만들어진 작업이라고 지적한다. 내가 놀란 대목은 그 부분만이 아니었다. 그토록 원한 '나만의 시간', 머리 쥐어뜯으며 괴로워한 '자아의 상실'마저도 근대의 산물이라는 점이었다.

큰 고민 없이 가문이나 종교, 사회적 통념을 따르며 살던 시대가 끝나고 모든 것이 개인의 선택과 자유가 되어 버린 대가. 자유로운 개인이 되고자 하는 고달프고 외로운 분투는 체제의 결과였다.

그래서 아이를 위해 회사를 그만두면서도 사회에서 도태될까 걱정하고, 아이와 보내는 시간이 소중하면서도 나를 위한 시간을 갖고 싶어 발버둥 치는 걸까. 아이에게 맞춰진 일상은 왠지 나의 일상이 아닌 것만 같고 아이를 위해 주부로 살기가 나의 경력으로 느껴지지 않는 건, 내가 이기적이고 자기중심적인 여성이어서가 아니었다.

예민하다거나 육아가 적성에 맞지 않아서도 아니었다. 이전까지 목표를 가지고 실행하고 착오를 수정하고 다양한 기회를 유람하던 개인으로 살아왔기 때문이다. 여성 이전에 근대적 인간이 되도록 교육받았기 때문이다. 그렇다면 여성들은 근대 교육을 받으며, 게른스하임이 말한 "한 조각 자기 인생"을 쟁취했을까? 아니었다.

양육에서의 엄마 역할을 무한대로 강조하는 '발달 심리학'의 부상과 여성의 사회 참여와 인권 신장이 폭발적으로 일어난 시대(서구에서 1960년대 이후)가 겹친다는 점은 의미심장하다. 여성들이 직업을 갖고 사회로 나가기 시작하면서 한편에선 여성들이 사회로 나가면 안 되는 이유를 만들어 냈다. 모성애라는 건 여성도 남성과 같이 직업을 가질 수 있는 사회에서 여성에게 부여할 수 있는 최후의 구속이었다.

그리고 모성애 신화를 통한 죄책감 심어 주기는 여성의 사회 진출만큼 성공했다. 『아내 가뭄』의 저자인 애너벨 크랩은 미국 여성을 대상으로 한 2006년 연구 결과, 전일제 근무를 하는 엄마들이 1976년 전업주부 엄마들보다 아이와 일대일로 보내는 시간이 더 많으면서도 부족하다고 죄책감을 가지는 것으로 나타났다고 지적했다. 이런 상황에서 아이를 위한 헌신과 자신을 위한 성취는 공존 가능할까? 저울질하다가 하나만 선택하거나, 일과 육아 60점씩만 하자고 마음을 다독이거나, 둘 다 잘하려 발버둥 친다. 그럼에도 '자기만의 인생'은 행방이 묘연하다. 헉헉대지만 잡히지 않는다.

아이를 키우기 위해서는 누군가 시간을 내어야 한다. 예측 불가능 속으로 투신해야 한다. 아이라는 존재는 한 개인이 추구해 온 목표와 목적, 과정을 어김없이 헝클어 버리기 때문이다. 내 인생을 계획대로 진행하려면 누군가가 대신해야 한다. 다른 가족에게 맡기거나, 돈을 주고 외주 인력을 사거나, 아니면 한 개인의 인생을 구겨 버리지 않을 만한 시스템이 있거나.

이렇게 보자면 많은 여성의 비혼, 비출산 선택은 합리성을 추구해 온 근대 교육의 성과라고도 해석할 수 있겠다. 자신의 인생을 보호할 안전장치가 없는 상황에서 아이가 명백한 걸림돌이 되고 가능성을 제한함이 이토록 분명한데 어찌 아이를 낳을 수 있을까.

합리적이며 이성적 사고를 훈련받아 온 모든 근대의 후손들에게 출산과 육아는 생각하면 할수록 도저히 할 수 없는 선택이다. 모르니까 하거나 눈 질끈 감고 하는 거지 따지다 보면 못 한다.

어찌 이런 일에 이해득실을 겨루냐고 묻는다면, 이 세상 모든 영역에 이해관계를 들이대면서 왜 여성에게만 출산과 육아에 한해서만 계산하지 말라고 말하는지 반문하고 싶다.

이 시대 엄마가 된 여성에겐 육아와 자기 계발이라는 두 가지 의무가 주어졌다. 자기 인생을 적극적으로 개선해 가는 깨어 있는 개인이 돼야 하는 동시에 아이의 인생을 훌륭하게 만들어 주는 엄마여야 한다. 이 두 가지를 동시에 이룰 수 있을까?

모성애 이데올로기는 여성에게 자신을 지우라 강요하고, 신자유주의 이데올로기는 자기를 끊임없이 갱신하고 계발하라고 한다. 그리고 변화한 시대의 육아서들은 두 가지가 합치될 수 있다고 말한다. 단, 네가 죽도록 노력한다면. 이건 희망일까, 기만일까.

생각하고 의심하는 근대의 개인인 나는 그 안에서 갈등하고 분열한다. 육아조차 자기 계발에 종속되는 시대에 우린 무엇을 놓치고 있는지, 답이 없는 미궁 속에서 오늘도 헤맨다.

나는 위기의 주부입니다

동등하게 생계를 책임지던 우리 부부는 아기가 태어난 후, 누가 시키지도 계획하지도 않았지만 완벽한 성별 분업을 자연스럽게 이루었다. 남편은 임금 노동자이면서 생계 부양자가 되었고 나는 가사 및 돌봄 노동자가 되었다.

나는 누구인가. 사춘기에나 할 줄 알았던 존재론적 물음을 삼십 대 후반에 할 거라곤 상상도 못 했다. 무엇이 되었는지조차 알지 못한 채 아기를 돌보고 방과 주방을 오가던 어느 날, 문득 직업란을 보니 망설여졌다. 나는 '주부'인가.

일상생활에서 주로 나를 부르는 호칭은 누구 엄마. 한편으론 누군가의 아내. 남편의 법적인 배우자이지만 내 기준에서 우리가 진정한 부부인가 따져 보면 정서적 육체적 친밀성이 한참 표준 미달이다. 굳이 설명하자면 동거인 남편의 육아, 가사 참여가 늘어난 요즘 우리의 관계는 공동 양육자이자 한 가정의 동료로 격상했다. 또 나의 이름이 있지만 이름의 쓸모없음을 집에만 있으며 알았다.

주부, 엄마, 아내. 나는 이 모든 역할의 총합이지만 각각의 역할과 불화하는 나는 그것들로 나를 설명할 수 없었다. 살림을 회피하는 주부, 육아가 재미없는 엄마, 남편과 가깝지 않은 아내, 어떤 역할도 내 것으로 받아들이지 못한 채 이름도 지워진 채 정체성의 분열과 혼란이 이어졌다. 그중 가장 서걱거린 건 '주부'였다. 언젠가부터 '전업'이라는 말이 붙어버린, 직업이 되어 버린 바로 그 주부.

임금 노동자가 작업장에서 경쟁력을 높이도록 아이를 도맡아 돌보고 음식과 청소 및 집안의 자잘한 일을 처리하는 사람, 양말과 속옷을 빨고, 말리고, 접고, 옷장에 가져다 놓는 사람. 나는 바로 그 주부가 되었다.

남편에게 아침을 차려 주지 않고 육아와 가사에 마음을 쏟지 못하고 그렇다고 직장을 다니지도 않는 나는 줄곧 직무 유기를 하는 기분이었다. 돈벌이하지 못하는 기혼 여성은 자동으로 전업주부로 호명되지만 쉽게 내 것으로 받아들이지 못했다. 전업주부임을 인정하면 가부장체제 유지를 위한 성별 역할 분업에 군소리 없이 만족해야 할 것 같았고, 전업주부를 거부하면 육아와 가사라는 돌봄 노동을 무시하는 것만 같았다. 이러지도 저러지도 못한 채 3년 넘게 정체성의 분열을 거듭하며 마음속으로 싸움과 화해를 반복했다.

전업주부의 반대편엔 '워킹맘(working mom)'이 있었다. 그 말을 들었을 때 자격지심과 열등감이 일었다. 10년 가까운 나의 경력은 무용했고 소외감을 느꼈다. 무엇보다 직장에서 하는 일이 'work'이면 집 안에서 하는 주부의 일은 'work'가 아닌 무언가 싶었다. 버젓이 '전업(專業)'이라고 부르면서 말이다.

주부가 파업하면 경제적 비용이 얼마나 발생하는지와 상관없이, 육아와 가사는 '비생산 활동'이고 전업주부는 '비경제 활동 인구'로 분류된다. 비경제 활동 인구란 취업자도 실업자도 아닌 사람으로 학생, 군인, 전업주부 등을 포함한다. 그러니까 전업주부는 직업처럼 보이지만 엄연히 따지면 직업이 아니다. 또 무임금 노동이고 수치화, 가시화되지 못하기에 'working'으로도 치지 않는다. 대신 '전업'을 붙임으로써 직업처럼 일해야 한다는 무언의 강요가 있다. 아무리 육아와 가사가 위대하고 가치 있다고 항변해도 이런 언어 앞에선 무력하다.

'전업맘'이라는 말도 이상하다. 엄마 역할에 '전업'이 있다면 직장 다니는 엄마들은 '부업맘'인가. '직장맘'의 상대어로

'육아맘'도 있는데 직장맘 역시 육아를 한다. 하루 중 차지하는 비중이 적다 해도 직장을 다녀도 아이가 아프면 달려가야 하는 육아는 엄마에게 할당되어 있다. 또 직장의 취업 상태가 바로 전업 상태이기도 한데 그러면 대체 '전업맘'은 누구를 가리키는 걸까. 정확한 표현은 '육아전담맘' 정도 아닐까.

또 워킹맘의 기준은 뭘까. 대부분 전일제 근무를 기준으로 하는 것 같다. 하루 3~4시간 시간제 근무를 하는 여성, 집에서 부업을 하는 엄마들은 따로 '알바맘'이라고 한단다. 그렇게 보면 '워킹맘'의 정확한 표현은 '직장맘/취업맘'이어야 하고, 워킹맘의 또 다른 부류는 '프리랜서맘'이거나 '알바맘'일 것이다. 하지만 애매한 위치에 걸쳐 있거나 무보수 활동을 하는 주부들은 자신을 '전업주부/전업맘'이라고 쉽게 칭하기도 한다. 나는 이런 식의 역학 관계도, 호칭도 조금 이상하다.

나는 전업주부로 주로 호명되므로 이에 대해 써 보겠다. 전업주부를 집안의 CEO라고 추켜세워 주는 자기 계발서도 있지만, 노는 여자라는 혹평도 난무한다. 남편 돈으로 매일 브런치 먹고 쇼핑하고 문화 센터 다닌다고 생각한다. 그런 말을 들을 때마다 이런 평가를 받는 주부의 실체가 있기는 한 걸까 궁금했다.

아이가 어릴 땐 온종일 육아 하느라 쉴 겨를 없다. 조금 커서 어린이집이나 학교에 가면, 집안일을 마치고 잠시 쉴 틈이 생기지만 아이가 집에 오면 그때부터 다시 근무 시작, 퇴근도 휴일도 없다. 이 와중에 뭐라도 배우거나 적은 돈이라도 벌어 보겠다면서 분투하는 게 내가 겪고 보아 온 평범한 주부들의 실태다.

전업주부들에 대한 과대평가와 시기 또는 무시는 여성학자 정희진이 2012년 11월 한겨레 칼럼에서 언급했듯 *"이 나라 2,500만 여성의 처지가 모두 다른데 극소수 여성을 과잉 재현, 이들만 여성으로 인식하기 때문이다."* 취업 상태가 아닌 기혼 여성들을 '실체 없는 중산층 전업주부'라는 단일한 특성으로 묶고 동질적인 존재로 규정하기에 나타나는 문제다.

우리가 전업주부라고 생각하는 계층은 다양한 여성들의 집합이다. 남편 월급이 넉넉해 전업주부가 되었다고 그 모두를 한 다발로 묶으려 하지만, 육아로 인해 어쩔 수 없이 경력 단절 여성이 되거나, 일을 할 수도 있지만 아이를 더 잘 돌보고 싶어 자발적으로 주부가 되는 경우도 있다. 자의인지 타의인지 애매한 경우는 수두룩하다. 남편 월급이 적어도 육아와 가사에 소질 적성이 맞지 않아도 전업주부 이외의 선택지가 없는 경우도 많다. 저마다 주부가 된 이유도 주부로 살 수밖에 없는 이유도 다양하다.

전업주부는 영원한 직업도 아니다. 평생직장이 사라졌듯 전업주부 역시 임시직이며 언제 잘릴지 모르는 비정규직이다. 이혼, 남편의 실직, 늘어나는 교육비로 전업주부직 박탈은 얼마든지 일어날 수 있다.

마지막으로 집에 있는 기혼 여성이라고 해도 모두 집안일을 전업으로 하진 않는다. 전업주부라고 한다면 하루 9~10시간 이상 집안일(육아포함)만 한다는 건데 전업주부라고 불리는 엄마들 중 상당수가 아이를 보육 기관에 보내면서 집안일이 아닌 다른 활동을 시작, '전업'주부에서 이탈한다. 임금 노동을 받지 않는 사회 활동, 배움, 취업 준비, 시간제 근무나 비정기적 벌이를 하는 경우도 매우 많다. 나 역시 전업주부로 보이지만 글쓰기에 취미 이상의 노력과 시간을 들이고, 10년간 본업이었던 디자인 일을 조금씩 받아 하기도 한다. 워킹맘도 전업주부도 아닌 그 사이에 있다. '주부 역할'이 일부 있지만 '전업'은 아닌 것이다.

직장인이라는 말이 각각의 근로자들(파트타임, 프리랜서, 비정규직, 정규직)을 설명할 수 없듯이, 전업주부라는 말도 각각의 주부들, 집에 있는 여성들을 통합하지 못한다. 그런데 왜 전업주부라는 말로 한데 묶으며 전업 집안일 속으로 밀어 넣으려 하는 걸까. 나는 궁금하다.

워킹맘과 전업주부. 아이가 있는 기혼 여성은 두 가지 중 하나로 분류된다. 워킹맘(직장맘, 취업맘, 취업주부)은 직장일을 하면서도 엄마이자 주부여야 하는 이중 부담을, 전업주부(전업맘, 육아맘)는 육아와 가사를 프로처럼 해야 하는 압박감을 표현하는 말로, 그동안 드러나지 않던 엄마들의 노동세계를 명명하는 수단이 되었다. 그래서일까, 엄마들도 기꺼이 워킹맘 혹은 전업주부로 자신의 정체성을 설명한다.

그런데 이 말은 엄마들을 '일하는 엄마/경제 활동/임금 노동'이거나 '육아하는 엄마/비경제 활동/무임금 노동'으로 무 가르듯 나눌 수 있다는 착시 효과를 일으킨다. 앞에서 확인했듯 워킹맘과 전업주부 사이에 존재하는 식별 불가능한 수많은 엄마를 싹 지워 버렸다. 워킹맘이라고 하기엔 임금 노동의 형태가 어딘지 모르게 부족하고, 전업주부라고 하기엔 육아와 가사만으로 나를 설명하고 싶지 않은 많은 엄마들이 그 사이에 촘촘히 박혀 있지만 명명되지 못한 채 헤맨다.

별것 아닌 단어 가지고 시비라고 할 수도 있다. 그런데 언어는 생각보다 강력하게 우리의 의식을 지배하는 프레임으로 작동한다.

워킹맘과 전업주부는 엄마들의 상황과 입장을 대변하는 언어인가? 혹시 엄마들을 특정 정체성 안에 가두고 구별 짓는 것은 아닌지. 분류에 속하지 못하는 사람들은 아예 존재하지 않는 것처럼 배제하고, 동시에 분류에 넣기 위해 계속 단일하게 규정지으며 억압하는 건 아닌지. 여전히 '일할래, 육아(집안일)만 할래'라고 물으며, 하나를 선택하라는 강요는 아닌지 묻고 싶다. 아빠들에겐 아직까지 누구도 하지 않는 질문.

우리는 자기 역할에 안착한 사람의 이야기에 안심하고 또 그런 이야기를 듣고 싶어 한다. 직장인이라면 자기 일을 좋아하며 능력을 인정받기 위해 노력하는 모습에, 주부라면 살림을 살뜰히 잘하는 모습에, 엄마라면 아이를 잘 키우는 모습에, 아내라면 남편과의 금슬이 좋은 모습에. 하지만 그런 역할극은 어디까지나 이상이며 언제나 실제와 엄청난 간극이 있다. 그 간극을 메우기 위해 더 열심히 뛰어야 할까? 자신을 전업주부 혹은 워킹맘으로 기꺼이 규정하면서.

엄마의 일, 주부의 일, 돈벌이로써 일, 그저 내가 하고 싶은 일……. 그 어딘가에서 헤매면서 혼란과 갈등을 반복하지만 어디에도 쉽사리 나를 두고 싶지 않다. 직장은 집이요 직업은 주부라고 섣불리 소속과 정체성을 단정하고 싶지 않다. 차라리 역할과의 불화가 주는 불안과 소속 없는 배회가 주는 혼란 속에 살겠다.

특정 정체성으로 나를 설명할 수 없기에 나에겐 숱한 의

문과 질문이 감히 탄생했다. 이 물음들을 기꺼이 껴안으면서 워킹맘도 아니고 전업주부도 아닌 어딘가에서 나의 언어, 나의 자리를 찾고 싶다. 위태로워 보여도 질문을 멈추지 않는, 위기의 주부로.

주부는 자신을 지킬 수 있을까

맞벌이라면 나눠서 해야 한다고?

임금 노동을 하지 않을 경우 집 안에서 일어나는 모든 일을 하는 사람으로 '전업주부'를 호명하는 것에 물음이 생겼다. 가사 분업 논쟁에서 전업주부는 아예 발언권이 없다는 걸 알게 됐다. 모든 전제엔 '맞벌이'라는 단서가 붙어 있으며 전업주부는 완전히 논외 밖으로 밀려났다. 수익을 내는 경제적 활동에서 지워진 사람은 어디에서도 지워진 존재가 되어 버렸다.

육아는 같이할 수 있어도 가사는 전업주부 몫이라는 말을 들으며 아이 젖병 씻기나 밥 차려 주기는 육아일까, 가사일까 궁금해졌다. 집에 있는 사람은 식구들이 흘리고 다니는 쓰레기를 치우고 마시고 난 컵을 씻어 주는 것이 마땅한지, 돈 벌어 오는 사람은 설거지도 하면 안 되는지, 양말을 아무 데나 벗어도 되는지, 의문이 들었다. 퇴근 후 먹고 난 과자 봉지와 맥주 캔을 식탁 위에 그대로 둔 남편을 보며, 내가 밥과 반찬을 식탁 위에 올려놓지 않으면 몇 시간이고 쫄쫄 굶고 있는 그를 보며 주부란 대체 무언지 묻고 싶었다. 밥해 주는 사람? 청소해 주는 사람?

집에 있는 주부가 집안일에 좀 더 시간과 노력을 들일 수 있지만 한 공간에 여러 사람이 어울려 살고 있는데, 음식을 하고 치우는 모든 일을 한 사람이 전담하는 몫이라 할 수 있을까? 전업주부라면 마땅히 그래야 한다고들 한다. 나는 받아들이고 싶지 않았다. 그러나 '돈도 못 버는데 그거라도 해야지'라는 내면의 명령을 당차게 거부할 용기도, 표현할 말도 없었다.

자아실현과 능력 발휘가 인생 최고 가치라고 믿고 살아왔기에, 어쩌다 되어 버린 전업주부의 삶이 영원히 지속될까 불안하고 초조했으며 도태되는 기분을 수시로 겪었다. 전업주부로 사는 동안, 아이가 주는 기쁨과 청소할 때의 개운함, 딱 그만큼 육아 노동에서 오는 피로와 집안일의 지루함이 찾아왔다.

그러나 그 모든 것과 별개로 다른 차원의 무기력과 갑갑증이 수시로 나를 옭아맸다. 한동안은 이런 기분을 설명할 수 없었다. 나는 바깥일에 더 적합한 사람인데 집에 어쩔 수 없이 가두어졌기 때문이라고 스스로 해명했다. 하지만 아니었다.

오히려 예전, 오로지 집과 회사만을 오고 갈 때 느꼈던 '나'가 사라진 기분과 비슷했다. 우리는 통상 무엇으로도 더럽혀지지 않는 순결한 '자아'가 있다고 믿지만 그런 자아란 없다. '나'는 '내가 생각하는 나, 관계 속의 나, 사회 속에서의 나'라는 여러 나의 집합체이다.

회사 다닐 때 사라진 건 '진짜 나'라기보다 '또 다른 나'가 될 수 있는 여지였다. 누군가의 친구로서 나, 책 읽기와 영화 보기를 좋아하는 나……. 내가 일하는 기계 이외에 다른 내가 될 수 없음에 숨이 턱턱 막혔다.

주부가 되어 집에 있으며 잃어버린 '나'도 '본질적인 나'가 아니라 다양한 관계를 상실하고 쪼그라들어 버린 나였다. 나를 둘러싼 사회적 관계망이 하나씩 없어지면서, 좁디좁은 3인 가족 안에 나를 위치시키면서, 복잡하고 다양한 수많은 '나'로 구성되어야 할 '나'의 어느 한 벽면이 허물어진 것 같았다. 사회적 인정에 자신을 소모하며 살아도 안 되지만, 사회적 인정 없이 살기도 쉽지 않다.

2년 전, 세 살 아이를 키우던 주부인 나의 근로 시간은 대략 이랬다. 아침 약 1시간 반, 식사 준비와 등원 준비, 모두 집을 나간 뒤 이부자리 정돈, 장난감 치우기, 설거지, 세탁기 돌리기와 빨래 널기와 개기, 청소기 돌리고 물걸레질 등으로 약 2시간 소요. 장보기, 공과금 처리, 정리 정돈, 이불 빨래, 분리수거, 간식 준비, 반찬 만들기 등이 적게는 2시간에서 길게는 3시간.

아이가 어린이집에서 돌아오는 오후 3시부터 10시까지 놀아 주기, 씻기기, 저녁 준비와 먹이기, 재우기. 재운 후 방 치우고 설거지하기. 밤새 수시로 깨면서 이불을 덮어 주기. 아무리 줄인다 해도 12시간이었고 어린이집에 보내지 않을 때, 밤중 수유할 땐 24시간 근무였다. 지난 3년간 남편은 평일엔 집에 없는 사람과 다름없었다. 이렇게 하고도 휴일에 쉬지 못했다. 출퇴근도 없고 휴일도 없는 주부가, 직업일까?

'전업주부'라는 말은 주부도 직업처럼 느끼게 한다. 가사에 전문성을 부여하고 전일제 근무처럼 보임으로써 직업군에 포함되지 않는 주부를 교묘하게 직업화한다. 또한 생계부양자가 일터에서 일하는 시간 동안 주부 역시 가정에 근무함을 인정해 주려는 말이기도 하다. 생계부양자는 주부가 집에 있기 때문에 돈벌이에 충실할 수 있다. 오후 3시에 헐레벌떡 달려오지 않아도 된다. 하지만 임금 노동과 가사 노동을 동등하게 생각하는 남성 임금 노동자는 극소수일 것이다. 돈 버는 수고 앞에 집 지키는 시간은 번번이 무시당

한다.

주부에겐 사회적 인정도 없지만 식구의 인정마저 인색하다. 가정주부에게 주어지는 보상의 폭은 건강하게 잘 크는 아이(또는 공부 잘하는 아이)와 회사 일에 충실한 남편이 가져다주는 월급 봉투겠지만 아이와 남편을 통해 얻는 인정을 나의 성과로 동일시하는 순간 온갖 문제가 발생한다(구구절절 쓰지 않겠다). 그래서 육아와 가사만 하면서도 자기 삶에 만족하려면 도 닦기가 생활화돼야 한다. 헌신하되 결과를 바라지는 않는다!

그래서 전업주부는 어렵다. 아무나 오래도록 할 수 있는 일이 아니다. 더군다나 인품이 간장 종지만 하고 수시로 보상을 확인받지 않고선 못 견디는 나 같은 사람에겐 그 어떤 일보다 어려웠다. 나에겐 아내와 엄마, 주부로 사는 시간 이외의 '또 다른 나'가 될 수 있는 시간이 절실했다.

물질적 보상은 물론 정서적 보상마저 각박한 상황 속에서 주부는 어떻게 해야 자신을 존중하며 건강한 정체성을 만들 수 있을까?

휴가 내내 식구들 뒤치다꺼리에 지칠 때, 나의 시간을 지켜 내지 못할 때, 나는 집안의 무급 가사 도우미가 된 것 같았다. 한쪽만 상실을 겪는 건 아니다. 휴일에도 아이 돌보기는 물론 밥 차려 먹기, 소지품 정리 같은 기본적인 자기 돌봄조차 못 하는 남성 생계부양자라면 스스로 돈 버는 노예이자 살림 무능력자로 전락하는 것일 테니.

나는 전업주부라고 해도 적극적으로 자신의 적정 근무 시간을 지켜야 하고 휴일과 휴가 역시 쟁취해야 한다고 생각했다. 그렇지 않고선 끝없는 집안일의 수렁에서 벗어날 수 없었다. 남편이 회사에 있는 동안 상대적으로 집에 있는 시간이 긴 내가 아이를 돌보고 집안일을 할 것이다. 그러나 남편에게도 근무 시간이 있듯이 나에게도 주부로서 근무 시간이 있다. 그렇기에 그 외의 시간에 집안일과 육아는 '공동의 일'이 된다.

이제 우리 부부는 주말엔 서로 번갈아 식사를 준비한다. 한 명이 아이를 보면 한 명이 설거지하고 아이가 혼자 잘 놀 땐 두 사람이 나누어 집안일을 후다닥 해치운다. 무엇보다 남편이 회사 일을 하는 동안 내가 아이를 돌보았듯 남편 역시 주말에 집에 있을 때면 내가 '사회 속에 나'일 수 있도록 아이를 보기로 했다.

남편에게도 나에게도 어느 하나의 '나'가 아닌 '여러 개의 나'가 풍부하게 뒤섞일 수 있는 시간이 필요하다. 특정 역할과 기능에 자신을 매어 두고 소진할 때 일컫는 말은 다름 아닌 노예다. 남편은 일하는 노예만으로 살지 않기 위해, 한 아이의 아빠이기도 하기 위해 시키기도 전에 몸을 일으키고 나 역시 누군가의 아내와 엄마만이 아닌 또 다른 사회적 자아를 만들어 가기 위해 분투한다. 일을 다시 시작할 준비를 했고 끊어진 인간관계를 조금씩 회복했으며 지금 이 책을 쓸 수 있게 되었다.

자신을 스스로 존중하는 건 주어진 역할만을 충실히 이행하는 데 있지 않다. 내가 생각하는 나, 관계 속의 나, 사회 속의 나 등 다양한 자아가 어우러질 때, 다른 이들과의 관계에서 내가 수단으로 전락하지 않을 때, 자기만족과 타인의 인정이 오고 갈 때, 그럴 수 있도록 구체적 일상의 시간과 노동을 재조정할 때 우린 자신을 잃어 가는 참담함을 느끼지 않을 수 있다. 자신을 지킬 수 있다. 전업주부에 국한되는 얘기만은 아닐 것이다.

독박 육아 구원 프로젝트

육아는 마음가짐에 달리지 않았다

아이를 낳은 후 평일엔 혼자 아이를 돌보았다. 하루 한 끼의 식사, 쏟아지는 집안일, 한 몸처럼 들러붙는 아이. 내가 인간인지 짐승인지 분간 안 되던 나날. 깨지 않고 다섯 시간 자는 게 소원이었다. 아이의 도톰하고 짧던 팔다리가 문득 길어진 걸 보면 심장이 덜컹하면서도 어서 크기만을 기다렸다.

아이를 키우는 시간은 기쁨이고 행복이겠지만 자연스럽게 따라오는 결과가 아니라 암묵적 전제가 되곤 했다. 평생의 고작 몇 년이니 참으라고 했다. 시간이 약이라고 했다. 우리네 어머니들처럼 묵묵히 견디라 했다. 모든 건 마음먹기에 달려 있다는 익숙한 말. 온갖 육아 비법도 엄마 개인

능력에 의지하며 아이나 엄마 마음을 적절하게 다루는 쪽에 치중했다.

엄마 개인의 능력과 자질도 당연히 중요할 것이다. 사람마다 차이가 있기에 같은 사안에서도 누군가는 허둥대고 누군가는 노련하고 느긋하게 대처한다. 그러나 환경의 영향도 무시할 수 없다. 아이와 단둘이 독방에 갇혀 얼굴만 마주 보고 있을 때, 무차별적으로 쏟아지는 육아 정보를 내 기준에서 선별할 수 없었고 저항하기에도 힘이 부쳤다. 불안하고 막연했기에 안 하는 것보다 차라리 많이 하기를 택했다. 여러 사람이 할 일을 혼자 하면서 조바심 났고 피곤에 찌들었고 체력이 떨어졌다.

성격이 낙천적이고 긍정적인 사람이었다 해도 24시간 나의 보살핌을 절대적으로 필요로 하는 타인과 단둘이 얼굴을 맞대며, 동시에 많은 일을 해야할 땐 우울과 좌절을 느낄 수밖에 없다. 반면 체력과 인내심이 탁월하지 못해도 주변 사람들의 손길이 많이 오고 가고, 다소 느슨하며 안전한 환경이 될 경우, 출구가 있을 경우, 힘들어도 즐거울 가능성이 높아진다. 쓰고 보니 당연하다 싶다. 그런데 아무도 나에게 말해 주지 않았다. 모두 엄마의 잘못이라며 손가락질했다.

시간이 가기만을 기다릴 수 없었다. 아이가 커 가며 수월해지는 부분도 생겼지만 육아의 과업은 매번 새롭게 주어졌고 체력은 망가져 갔고 하고 싶던 일에서조차 자신감과 의욕이 떨어졌다. 부부 사이는 남보다 못했다. 그렇게 나를 버려둘 수 없었다. 아이 키우는 기술도 부모 되기 기술도 아닌 '살아남을 기술'부터 찾아야 했다.

엄마가 잘 먹고 잘 자기

육아는 체력전이라고도 한다. 나의 경우 체력은 수면이 좌우했다. 아이와 함께 자며 가수면 상태로 두세 시간마다 눈을 떴다. 그렇게 3년. 수면 장애가 생겼다. 수면 부족으로 만성 피로는 기본이었고, 매사에 무기력하고 사소한 일에도 화나고 판단력이 떨어졌다. 마음이 느긋해야 육아가 편해진다고도 하지만 겪어 보니 체력이 부족하면 정신력은 어림없었다.

어떻게 해야 잘 잘 수 있을까. 수면 교육이라도 해야 할까. 찬반이 분분하지만 내 생각에 수면 교육은 아이보다 '엄마를 위해' 하는 것이다. 때 되면 잘 자는데 왜 하냐, 엄마가 편하기 위해 하는 거 아니냐며 반대하는 사람도 있다. 엄마가 편한 게 나쁜가? 낮에 피곤과 우울 때문에 아이에게 짜증 내지 않을 수 있다면야 밤새 열 번 깬들 어떠하겠냐. 잠을 잘 자서 피곤하지 않으면 아이가 떼를 써도 소리 지를 거 어금니 악물고 넘어갈 수 있었다. 나는 이 차이를 확연히 겪었다.

수면 교육을 하든 안 하든 부모 결정이고, 한다 해도 성공하지 못할 수도 있다. 나도 실패했다. 아이는 네 살이 넘어서도 혼자 잠들지 못했다. 그래도 '엄마가 잘 자는 방법'만은 찾고 싶었다.

아이가 잠드는 이른 밤에 같이 자기는 체력 보존을 위해 가장 효과적인 방법이었다. 보통 아이들은 잠든 지 3~4시간은 아주 푹 자다가 자정쯤 엄마가 자려고 하면 귀신같이 알고 깬다. 아이랑 이른 밤 숙면을 하고 나면 새벽에 자주 깨도 좀 버틸만 했다. 하지만 밀린 집안일도 하고 나만의 시간도 가져야 하는데 아까워 일찍 잘 수가 있어야지. 괜히 9시쯤 잠들었다 12시쯤 깨 버리면 그날 밤은 또 망해 버렸고.

아이가 잘 때 같이 맘 편히 자거나 최대한 쉬려면 집안일이 적어야만 했다. 영아기 최대 난관은 이유식. 시간도 많이 들지만 재료 샀다가 반 이상 버렸다. 좋은 재료로 잘 나오는 시판 이유식도 많으니 다시 돌아간다면 죄책감 없이 사 먹일 테다. 남편이 반찬 투정을 한다면 주문 배달을 한다. 나의 소중한 체력과 잠을 요리에 소진하지는 말자.

요리 최소화를 위해선 주방용품 최소화도 필요했다. 냄비와 그릇이 적어지자 요리가 간편해졌다. 반찬 그릇이 부족해 식재료와 음식을 간소화니 설거지도 당연히 줄었다.

남편과 아이가 나의 화를 점화할 때마다 대형 쓰레기봉투를 가져와 물건을 쓸어 담았다. 가지고 놀지 않는 자잘한 장난감, 분류 정리하다 분열증 오는 교구부터 치웠다. 화날 때는 물건 버리기에 가장 좋은 타이밍이었고. 물건을 버리며 분노도 쓰레기봉투로 들어가는 놀라운 경험을 할 수 있었다. 물건들이 제자리를 찾고 잡동사니가 줄어드니 조금만 치워도 집 안이 깨끗해졌다. 남편도 물건이 어디 있는지 예전처럼 자주 묻지 않았고 물건을 쓴 후 제자리에 가져다 놓는 일이 늘었다. 집안일로 다투는 일이 현저히 줄었다. 남편의 가사 참여 지수 상승이 자연스럽게 따라왔다.

육아는 엄마 혼자 하는 일이 아니다

무상 보육으로 아이를 어린이집에 보낼 수 있게 되었다. 하지만 눈치 보였다. '그 어린 것을 어떻게…….' 독박 육아하는 엄마는 허리 디스크가 생겨도 병원 갈 시간조차 없다고, 단 한 시간이라도 애 봐줄 거 아니라면 나무라지 말라고 당당하게 얘기 못 했다. 죄책감에 휩싸여 아이를 보냈고 마음껏 쉬지도 못했다. 그래도 1초도 가만히 있지 않는 아이를 감당 못 해 쩔쩔매던 나에게 어린이집은 구원이었다.

나는 우울한 엄마, 아픈 엄마보다 검증된 보육 교사가 낫다고 생각하는 편이다. 아이는 엄마가 도맡아 키워야 가장 좋다고 말하지만 체력과 인내심을 비롯하여 모든 면이 탁월한 소수의 경우라고 생각한다. 자기 상태를 빨리 파악하고, 주어진 사회적 자원을 활용하라고 말하고 싶다(부디 아이를 믿고 맡길 수 있는 보육 시설도 늘어났으면 좋겠다).

기기 시작하며 활동 반경이 넓어지고 이유식 횟수가 느는 시기에도 누군가의 도움이 필요하다. 그러나 가사 도우미나 베이비시터를 몇 번 부르다 말았다. 미련하게 혼자 다 하려 했다. 정부에서 지원하는 육아 도우미 제도가 아닐 경우 반나절에 4~5만 원 하는 금액이 부담스러웠고 알아보기도 번거로웠다. 무엇보다 주변 도움 없이 혼자 다 한다는 엄마들에게 기가 죽어 떳떳해지지 못했다.

지금 생각해 보니 육아 수당을 활용하거나 외식이나 육아용품 비용을 줄여 10만 원 정도 마련해서라도 도움을 자주 받을 걸 그랬다. 육아는 장기전이다. 어설픈 육아용품, 한철 입고 말 아이 옷, 언제 다 읽을지 모르는 전집 구입보다 엄마의 시간과 체력을 덜어 주는 데 돈을 쓰는 편이 길게 보았을 때 나았다.

독박 육아 잘했다고 아무도 알아주지 않더라. 저 엄마는 혼자 다 하는데 나는 왜 못 하나, 자책할 때도 있었지만 어쩌겠나, 그게 나인데. 사람마다 능력이 다르다는 건 결코 흠이 아니다.

육아 동지도 결정적이다. 아파트에 살 때 겨우 찾아낸 아이 엄마들과의 만남이 좋았다. 같이 단지를 산책하고 이야기를 나누고 저녁을 먹으며 의지했다.

2년 전, 신도시 아파트 단지를 벗어나 도심에서 떨어진 주택 단지로 이사 온 후엔 '마을의 위력'을 실감했다. 부동산, 학군, 교통편 어느 것 하나 변변치 않은 이곳에 살면서 처음으로 이를 악물며 노력하지 않아도 육아가 가능함을, 육아도 즐거운 일이 될 수 있음을 알았다. 약속을 미리 잡지 않아도 길거리에 나가면 자연스럽게 마주치는 이웃들. 일곱 살만 되면 엄마와 떨어져 뛰어노는 아이들. 오며 가며 봐주는 어른들. 독박 육아 동지들과 함께 먹는 저녁. 아이는 '이모들'을 자연스럽게 따랐고 허물없이 대했다. 나는 더 이상 혼자 아이를 키운다고 생각하지 않게 됐다.

그러나 교외의 주택만이 답이라고 말하고 싶진 않다. 주택이라도 허허벌판 전원에 있다거나 또래 친구가 많지 않은 동네라면 고립될 수 있다. 나 역시 친구를 찾지 못했을 땐 외로웠고 오히려 아파트가 그리웠다. 적어도 놀이터에 나가면 누군가를 만날 수는 있었으니까. 중요한 건 각자의 육아를 지지하고 승인하고 응원하는 동료를 찾는 일, 누군가에게 그런 동료가 되어 주는 일이었다. 편 가르거나 판단하지 않고 서로의 이야기를 들어 주며 비빌 언덕이 되어 주는 존재 말이다.

아이가 엄마인 나만 보며 크지 않는다는 사실은 어마어마한 든든함을 준다. 아이 친구들, 이웃들, 육아 동지들이 얽히면서 '뭘 먹이나, 뭐 하고 놀아 주나, 어떻게 키우나, 뭘 가르치나' 같은 치열하고 어려운 문제가 가끔은 얼렁뚱땅 지나갔다. 엄마의 무책임이 아니라 공동의 고민과 책임으로 가면서 심각성이 완화되었다.

우린 가장 좋은 답을 알고 있다

독박 육아 최대 단점은 아빠와 아이의 관계가 소원해지는 것이었다. 엄마가 떠맡는 악순환이 계속된다. 남편은 바쁘니까, 아이를 못 돌보니까, 아이가 따르지 않으니까 안 맡겼고 그럴수록 더 멀어졌다. 순진했던 육아 초기, 아이 돌보기는 내 몫이려니 하고 적극적으로 남편에게 요구 못 했다. 회사 일로 바쁜 그를 이해해 주는 척하고 있었다. 속으로 불만이 쌓였다. 그러다 툴툴거리면 남편은 뭐가 힘드냐는 반응이었다.

이제는 말할 수 있다. 영유아를 돌보는 육아는 막노동 이상으로 힘들다고. 육체적 강도만 비교하자면 일반 사무직이 육아보다 수월하다고. 최소한 제때 밥을 먹을 수는 있지 않냐고. 그리고 당신은 아이가 태어난 이후에도 원래 하던 일을 이어 가지만 나는 생전 처음 해 보는 일을 홀로 사막 한복판에서 해야 한다고.

'바깥일' 힘들다고 말하지만 요즘 세상에 바깥일 안 해 본 여자 있나. 나도 왕년엔 남자에게 뒤지지 않던 '커리어 우먼'이었다. 그러나 남자는 아이를 돌보는 여자를 두고 자기만 평생 돈 벌어 온 사람처럼 행동하곤 했다. 심지어 성인에서 아이로 퇴행하기도 했다. 누군가 집에서 '쉬고 있다'는 착각을 이유로. 이 점이 출산 직후 육아 하는 여자를 극심하게 좌절케 한다.

눈 마주칠 시간 없이 일상에 허덕이는 영유아기 육아. 한 생명을 지키고 키워 내야 할 이때, 부부가 얼마나 협업을 잘 이루었느냐가 앞으로의 부부 사이를 좌우한다고 생각한다. 아빠가 자발적으로 나서 주면 더없이 좋겠지만 엄마가 아빠와의 갈등이 싫어 육아 분업을 적극 요구하지 않을 경우, 꾸역꾸역 참을 경우, 아이가 커 갈수록 돌이킬 수 없이 굳어지는 경우를 많이 봤다. 아내는 남편을 포기하고 남편은 왕따가 되어 간다. 하지만 남편은 바쁘고, 애도 잘 못 보는데 어떻게 시키나.

냉정히 말하면 아이는 자기의 생사를 쥐고 있는 사람을 따를 수밖에 없다. 이 말인즉 아빠를 따르지 않던 아이라도 결국 아빠밖에 없다는 걸 알면 의지한다는 말이다. 나는 남편이 집에 있는 날이면 아이를 아빠에게 맡기고 나오기를 꾸준히 시도했다. 내 발 붙잡으며 우는 아이를 매몰차게 떼고 나왔다. 엄마가 집에 있으면 결국 먹이고 재우고 밥 차리는 사람은 엄마가 되고 아빠는 아이를 눈으로만 본다. 아이가 보채면 엄마가 쏜살같이 출동할 텐데 뭐하러 잘 놀아 주겠나?

아빠가 아이를 보지 못한다고? 둘이 울고 있다고? 그런 생각에 나도 3년 동안 집에 매여 있었다. 그러나 엄마와 아이가 같이 울고불고하며 지금까지 온 과정을 아빠라고 못할 리 없다. 아이에게 배달 음식 먹이고 영상 보여 주고 방치한다고? 바꿔 생각해 보면 나도 때론 아이를 방치하곤 했다. 눈 질끈 감고 아빠가 아이와 보내는 시간의 밀도를 높일 기회를 줘야 했다. 아빠 육아에서 벌어지는 일탈은 어쩌다 한 번 하는 '이벤트'이기에 가능한 법. 이벤트가 아니라 일상이 되어야 한다.

텔레비전도 없는 데다 근처에 도움받을 가족도 없이 모든 퇴로가 차단된 우리 집. 이런 상황에서 남편의 육아 스킬은 날로 일취월장했다.

어느 날 그가 말했다.

"선배들 보면 왜 저러고 사나 싶어. 여기저기 아프지, 집에 가면 애들이 아빠 옆엔 가지도 않지, 부부 사이도 안 좋아."

남편은 회사보다 가정이라는 마음을 굳힌 듯했다.

"회사에서 결국 언젠가는 잘릴 거잖아. 그때 집에서도 아무도 나를 좋아하지 않으면 그땐 아무 데도 갈 데가 없을 거 아냐."

"내 가족에게 잘하는 일이 결국 내 미래를 위한 길이더라고."

몇 가지를 정착했다.

아이가 네 살이 되며 아빠와 자기를 시도했다. 아빠와 잠든 적 없던 아이는 처음엔 한 시간 이상 악쓰고 울며 엄마를 찾았고 간신히 잠들어도 새벽에 자주 깼다. 갓난아기 때부터 가능할 때마다 아빠와 자는 연습을 할 걸 그랬다. 클수록 어려워진다는 걸 몰랐다.

해 보니 아이도 낮 동안 자기와 충분히 시간을 보내 준 부모와 자기를 원했다. 아빠가 아이와 보내는 시간이 늘수록 아이도 아빠와 잠을 잘 잤다. 반년 넘도록 지지부진하다가 남편의 육아 휴직을 기회로 정착했다. 지금은 일주일의 반은 내가 아이를 재우고 다른 방에서 자면 남편이 퇴근 후 아이 옆에 와서 잔다. 남편은 아이가 360도 회전을 하든 얼굴에 발을 올리든 쿨쿨 잘 잔다.

두 번째, 야근이 많은 남편에게 매일 일찍 오라고 재촉하기는 어려웠다. 우리의 타협점은 '아빠의 아침 육아'다. 남편의 출근 시간은 10시. 예전엔 오전 8시 반까지 작은 방에서 혼자 자다 출근했는데 이제 아이가 일어나는 시간에 같이 일어나 남편이 아이 옷을 입히고 머리카락을 묶어 주고 아침을 먹인다. 8시 반쯤 아이 어린이집 차량 오는 시간에 맞춰 둘이 밖으로 나간다. 아침에 남편이 아이를 맡아 주는 동안 나는 집안일을 빠르게 마친다.

30분, 아니 10분이라도 아빠이자 남편으로서 존재감을 집에서 느낄 수 있는 무언가를 일과로 넣어 두는 일은 중요했다. 최소한의 약속을 지켜 나갈 때 고마움과 신뢰가 유지될 수 있었다.

세 번째. 나는 집에서 글을 쓰고 디자인 작업을 하는데 종종 주말에도 일이 있다. 전엔 남편이 아이를 혼자 보려 하지 않았기 때문에 내 시간을 낼 수 없었다. 그러나 이제 주말 반나절 이상, 남편이 육아 전담을 하는 덕에 나는 평일 네다섯 시간으로 부족했던 밀린 일을 할 수 있게 되었다. 남편이 회사에 있는 동안 아이를 내가 돌보았듯이 내가 일하는 동안 남편이 아이를 보는 것이다.

주부에게도 혼자만의 시간은 필수다. 사회적 활동 없이 아이만 키우던 시절, 밥으로도 잠으로도 채워지지 않는 헛헛함에 괴로웠다. 주말에 간신히 내어 가지는 두세 시간이 절실했고 달콤했다. 내가 나로 살아나는 시간이었다. 사실

주말이 되면 더 바쁘다. 평일에 못 한 가족 화합을 해 보겠다며 바둥거리다 기진맥진해진다. 밥 차리다 하루가 다 가거나 도로 위에서 시간을 버린다. 주말 하루는 나들이나 쇼핑을 나서지 않고 나만의 시간을 가지기. 더 나은 날을 위한 재충전의 시간이다.

육아는 엄마와 아이만의 문제가 아니다

베이비시터나 가사 도우미를 매일 쓸 만큼의 금전적 여유나 주변에 도와줄 가족도 없이, 남편 얼굴 보기도 힘든 채 홀로 사투하는 독박 육아. 나는 어떻게든 방책을 찾고 싶었다. 남들 다 그렇게 산다는 말에 나를 포기하고 내버려 두기엔 인생이 너무 짧았다.

힘들지만 행복하다며 매일을 아깝지 않게 보내는 엄마들도 있을 것이다. 존경한다(아니, 실은 질투한다). 나는 그러지 못했다. 하지만 부족한 능력과 한계를 받아들이기로 한다. 왜 육아가 행복하지 않으냐며 자책하지 않기로 한다. 나에게 문제가 있다고, 모든 것이 내 탓이라고, 나만 잘하면 된다고 생각하며 옥죄지 않으려 한다.

육아는 엄마와 아이 둘만의 문제가 아니란 걸 이제는 안다. 아이의 기질, 주 양육자의 성향과 체력 이외에도 주변 환경, 배우자와 가족의 육아 참여, 복지 제도, 사회의 지배적인 가치관 등 여러 문제가 복합적으로 작용해서 오늘 하루의 육아를 만든다. 육아의 모양은 비뚤비뚤하고 중구난방일 수밖에 없다. 어딘가 어긋나고 비어 있다.

개개인이 처한 조건을 고려하지 않고, 책임과 의무만 부여하는 말. 마음가짐의 변화와 노력만을 언급하는 말은 엄마에게 전지전능함을 요구하지만 그런 존재가 되기란 불가능하다.

나의 독박 육아 구원은 여기서부터 시작했다. 엄마도 불완전할 수밖에 없다는 사실에서. 나를 짓누르던 짐을 안팎으로 덜어 내는 행동을 통해. 그리고 조금씩 가벼워졌다.

육아 5년 차, 어느 날 아침.

밤새 열이 난 아이를 두고 고민한다. 나는 그동안 집 밖에서 일하는 시간을 꾸준히 늘려 왔고 이제 빼도 박도 못하는 마감과 출근을 수시로 한다. 오늘도 나를 기다리는 사람들이 있다. 남편과 치열하게 싸워 온 끝에 남편은 내가 '부탁'하기 전에 휴가를 내고 아이 보기를 자처한다. 그러나 선의나 호의보다 의무로 육아 분업을 수행해야 할 날이 늘면서 우린 또 다툰다.

오늘 하루를 어떻게 무사히 넘길 것인가. 누가 몇 시까지 아이를 보고 데려다주고 데리고 올 것인가. 악착스럽게 해온 노력이 무색하게 매번 새로운 과제가 생긴다. 조금 진전

했다고 안심하면 어김없이. 그래도 여기까진 왔다. “오늘 일찍 올게.”, “내일은 쉬어.”

돈을 버는 일, 아이를 보는 일, 집안을 꾸리는 일, 착착 맞아떨어지면 좋으련만 엄마로 부모로 사는 이상 좌충우돌, 뒤죽박죽은 불가피해 보인다. 그래도 포기하지 않기로 한다. 끝없이 흔들리는 바다. 수시로 길을 잃는 바다. 온통 암흑인 줄 알았던 이 바다 위에 흩어진 불빛들을 발견한다. 나만큼 노를 꽉 쥔 손을 찾는다. 내가 더 이상 혼자가 아님을 안다. 독박 육아 구원 프로젝트를 다시 시작한다.

마치며

행복하지 않아도 괜찮아

너나없이 행복을 말하는 시대. 행복은 무엇일까. 즐거움일까, 재미일까, 기쁨일까, 쾌락일까, 아니면 만족일까. 아쉽게도 모호하다.

이십 대와 삼십 대 초반에 걸쳐 내가 생각한 행복에는 실체가 있었다. 손안에 잡히는 무엇이었고 이루어 가는 무엇이었다. 영화관의 안락한 의자에 파묻힐 때 행복했고 낯선 도시를 정처 없이 헤매며 여행할 때 행복했고 연인과 손을 맞잡을 때 행복했고 단칸방에서 주방이 있는 방으로 이사할 때 행복했고 발에 꼭 맞는 구두를 신은 날 행복했다.

행복은 신경을 타고 흐르는 쾌락이기도 했다. 삼겹살의 육즙이 입 안에 퍼지면 행복했고 카페라테를 마시면 행복했다. 시원한 맥주가 목을 싸하게 넘어갈 때 행복했고 자전거 페달을 밟으며 부드러운 바람이 귓전을 스칠 때 행복했다. 말 잘 통하는 친구와 수다 떨 때도 행복했다. 해변에 누워 뜨거운 햇살을 받을 때 눈을 처음 뽀드득 밟을 때도 행복했다. 조용히 책장을 넘길 때도 행복했다. 모니터를 바라보며 일에 몰입하는 순간도 행복했다.

반면 이럴 땐 행복하지 않았다. 야근과 철야가 이어지며 일하는 기계가 된 기분일 때, 아침에 눈 뜨자마자 어깨 통증이 느껴질 때, 아픈 날 혼자 침대에 누워 있을 때, 산 지 얼마 되지 않은 디지털 카메라를 떨어뜨려 렌즈에 금이 갔을 때, 그런 일들이 매일 연달아 벌어질 때는 행복하지 않았다. 하지만 피곤함과 불쾌함은 금방 교정될 수 있었다. 나는 행복해지는 법을 알고 있었으므로. 따분하지 않은 자극과 재미, 뭔가를 이루어 내는 성취, 오감의 쾌감, 열중할 때의 몰입과 고요, 타인에게 방해받지 않는 자유가 주어진다면 쉽게 행복했다. 내 몸 하나만 건사하면 되던 시기였다.

아이를 키우며 나의 행복엔 오류가 생겼다. 내가 겪어 온 행복과 차원이 달랐고 이미 알던 행복의 범주에 들어가지 않았다. 보드라운 살결, 달큼한 냄새, 0.5도 높은 뜨끈한 체온, 아늑한 일체감이 주는 아득함이 있다가도 같은 대상이 순식간에 악마처럼 느껴져 당혹스러웠다. 양립할 수 없는 극단적 감정의 공존을 어떻게 받아들여야 할지 몰랐다. 더군다나 아이를 돌보며 못 먹고, 못 자고, 못 쉬면서 무너진 체력, 무엇보다 수시로 몰아닥치는 할 일, 그 안에서 낯설게 차오르는 고립과 외로움은 행복의 지속성을 여지없이 깨뜨렸다. 아이가 주는 즐거움과 별개로 머릿속은 온갖 걱정과 원망으로 윙윙댔다. 엄마라서 행복하다는데 그 행복이 뭔지는 몰라도 나의 행복은 아니었다.

'행복 지상주의' 시대는 엄마의 헌신만큼 엄마의 행복도 강조했다. '엄마가 행복해야 아이가 행복하다'며 엄마의 행복 추구권을 적극 주장한다. 그 말은 아이가 아닌 나의 쾌락, 재미, 즐거움을 추구할 면죄부가 되어 기저귀를 주문하다가도 나를 위한 원피스를 사게 했고 아이를 재운 후 먹는 야식에 대한 죄책감도 덜어 줬지만 즐거움과 쾌락에 가까운 행복 추구는 일시적이었다. 몰입, 자유, 성취가 박탈당한 신체의 고통을 완화시키는 진통제일 뿐이었다. 엄마의 행복이 무엇인지 구체적으로 헤아리지 않는 한 공허한 구호였다.

'엄마가 행복해야 아이가 행복하다'는 말은 '엄마가 행복하지 않으면 아이도 행복하지 않다'는 말이기도 했다. 세상일이란 건 원인 하나로 결과가 나타나지 않는다. 그러나 엄마됨의 막중한 의무 앞에 그 말은 '아이와 가족의 행복은 엄마에게 달렸다'는 식의 결정적 화법으로 읽혔다. 행복하지 않던 엄마인 나는 행복하지 않아서 미안했다.

모두 아이는 축복이고 행복이며 인생의 기쁨이라고 말할 때마다 혼란스러웠다. 나도 느끼긴 했으나 전적으로 그러하진 않았으며 불행, 자괴감, 후회, 우울, 불편, 구속, 슬픔, 번뇌, 고통의 총량이 긍정의 총량보다 컸다. '나 같은 건 엄마가 되어서는 안 되었어'라는 후회가 불쑥불쑥 올라오고, 아이 없이 사는 삶보다 엄마로 사는 삶이 낫다고 말할 수 없어 우물거리고, 아무리 자기 합리화를 모색해도 미련과 자책이 속을 헝클어 놓았다. 모순된 감정의 질척임을 쉽게 떨칠 수도, 그렇다고 기꺼이 끌어안을 수도 없어 허우적댔다.

복잡하고 부정적인 감정은 쉽사리 드러낼 수 없다. 부정은 바로 행복하지 않음이고 동시에 불행하다는 단언이라 믿어진다. '긍정적으로 생각하자', '행복하자'는 시대의 명령 앞에 불편하거나 괴로운 감정은 가뿐히 떨쳐 내야 할 방해물이다. 번뇌와 갈등을 봉합하는 산뜻한 긍정의 세상에선 용납되지 않는다. 어떤 고난과 역경 속에서도 배움을 찾고 성장을 배워 나가야지 후회나 미련 따위 질질 끄는 건 어리석다.

'빨리 네 기분이 좋아지도록 조치를 취해!'

'어서 긍정적으로 마음먹어!'

흑과 백 사이엔 무수하고 다양한 회색이 있다. 한쪽을 뒤집으면 동전처럼 바로 뒷면이 나올 것 같지만 세상사는 그렇지 않다. 미묘한 회색 천지다. 그러나 회색들을 헤집는 건 수고롭고 번거롭다. 좌표는 흐릿해지고 논점은 미끄러진다. 그래서 우리는 세상을 단순하게 구획한다.

행복과 불행도 그러했다. 행복과 행복하지 않음은 동전의 양면처럼 뒤집히지 않음에도 행복하지 않아서 그러므로 불행하다고 생각한다. 그런데 보자, 행복하지 않으면 불행한가. 불행하면 끝인가.

나는 잘 후회하는 편이 아니다. 어떻게든 좋은 점을 보면서 정신 승리하려 한다. 그럼에도 후회하는 일이 있다. 임신하기도 전에 직장을 그만둔 걸 종종 후회했다. 다시 돌아간다면 퇴사보다 휴직을 하며 시간을 벌고 싶다. 서울과 가까웠던 신도시 아파트의 삶을 벗어나 변두리 주택에 온 것도 가끔 후회했다.

그런데 후회한다고 해서 지금 상황에 불평불만을 끝없이 하고 억울해서 잠 못 드느냐면, 그건 아니다. '직장을 다닐 걸, 아파트에 살걸, 하지만 어리석고 몰랐는데 어쩌겠어.', '다시 돌아간다면 같은 선택을 할지 자신은 없어.' 이 정도다. 약간의 자책과 미련, 현재 상황에 대한 불만족과 체념의 뒤섞임이다. 그렇다고 계속 아파트에 산다거나 직장 생활을 했다면 더 행복했을까. 그도 아닐 것 같다. 여전히 못 해 본 일에 미련과 후회가 남을 것이다.

100% 만족도 행복도 없다. 간편한 위로와 위안, 합리화로도 해결하지 못하는 문제가 언제나 남아 있다. 가뿐히 떨치면 좋으련만 삶은 그렇게 단순하지 않다. 만족과 기쁨만큼 수시로 싹트는 후회, 미련, 자괴감과 공존해야 한다. 아이로 인한 충만함만큼 평생 누군가를 걱정해야 하는 고통을 짊어지듯이. 삶은 밝음과 어둠만으로 구획되지 않고 흐릿한 회색 그림자 속에 너울댄다. 결국 과제는 숱한 모순을 어떻게 내 안에 공존시키느냐다.

이런 게 아닐까. 낡은 건물을 새롭게 보수하지 않고 그저 쓸고 닦아 가며 불편한 대로 놔두고 함께 살아가기. 어떤 경험이든 긍정적으로 해석하고 성장의 동력으로 환원시켜야 직성 풀리는 논리는 이런 공간을 불필요하다 치부할지도 모르겠다. 그러나 삶은 대체로 규정 불가능한 공간으로 이루어진다. 후회나 미련 따위도 그렇다.

한편으론 껴안고 한편으론 덤덤히 살아가기. 내가 느끼는 부정적 감정을 직시하기. 선택의 대가로 감당해야 할 몫을 상기하며 그럼에도 현 상황에서 할 일들을 해 나가기. 때로 불행하더라도 불행을 애써 밀어내지 않기. 단지 그것이 나의 삶을 망가뜨리지 않게 하기. 이런 점이 중요하지 않을까.

"육아는 마음먹기에 달렸어", "행복은 마음먹기에 달렸어" 같은 말을 좋아하지 않는 이유는 삶의 복잡성, 갈등, 흐릿함을 있는 그대로 인정하기보다 또렷하게 밀어 버리려는 폭력이 느껴지기 때문이다. 한 사람을 형성하는 관계와 조건을 지우고 순수한 개체로 만들려는 의도가 읽힌다. 내 의지와 노력에 절대적 권력을 부여하며 주변이 어떠하든 '내가 잘하면 나는 괜찮아진다'는 착각을 일으킨다. 하지만 실상 그러지 않기에 우린 마음먹은 대로 살 수 없으며 아무리 마음먹어도 삶을 바꾸지 못한다.

나의 한계, 열악한 환경, 지질함과 갈등을 있는 그대로 보기가 먼저 아닐까. 내가 만나는 좌절과 실패의 경험을 인식하고 그것을 먼저 나의 해석과 관점으로 바라보아야 하지 않을까. 나에게 주어진 어려움을 그 누구의 해석도 아닌 나의 언어로 풀어낼 수 있을 때, 그것이 내 것임을 받아들이고 어떻게 해도 떨칠 수 없음을 기어이 내 안에 각인시킬 때 겨우 마음먹기도 가능해지는 게 아닐까.

행복에 대한 정의를 돌이켜 본다. 행복은 이루어 가는 무엇이 아니었다. 행복은 목표가 될 수도 없다. 행복이란 잠시 스치는 바람 같다. 행복이라 믿는 평온함과 즐거움, 기쁨, 만족은 순식간에 반짝할 뿐이었다. 귀찮고 번거롭고 걱정되고 골치 아프고 한숨 나오고 고단한 일거리로 가득 차 있는 인생에서 행복을 어떤 편안하고 좋은 감정의 지속이라고 여기고 그것을 붙들려 할수록 일상은 배반의 연속이었다. 그러나 행복을 아주 찰나에 스치는, 하지만 영원 같은 순간이라고 생각하니 오히려 견딜 만해졌다. 그걸 몰라서 행복을 추구하려 했고 행복하지 않음을 견디지 못했다. 행복만 탓했다.

모든 문제를 말끔히 해결한 채 홀가분하게 살고 싶지만 이제 그게 불가능하다는 걸 안다. 덕지덕지 붙어 있는 온갖 문제들을 껴안고 짊어지고 질질 끌면서 가는 것이 삶임을 조금은 짐작한다. 단지 후회, 미련, 슬픔, 고통, 고뇌, 짜증의 소용돌이에서 내가 녹아 버리지 않도록, 끝없이 생각하고, 끝없이 싸우기가 있을 뿐이다. 행복이 있다면 아마 그 사이사이에 나를 조용히 지지하는 자기 충족이란 모습으로 가까스로 닿을지도 모르겠다.

감사의 말

아이를 엄마 혼자 키울 수 없듯 글을 쓰는 동안 여러 관계에 빚졌다. 기꺼이 악역을 맡아 준 남편에게 고맙다. 우린 계속 함께할지 장담할 수 없는 터널에 서 있었다. 승자도 패자도 없는 긴 싸움을 치렀다. 그리고 그 끝에서 제법 손발 맞는 육아 동료이자 공동생활자로 진화했다.

나의 딸, 시원. "엄마 힘들어, 엄마 바빠"라는 소리를 밥 먹듯이 들으면서도 기죽지 않고 어김없이 말을 안 들어줘서 고맙다. 내 인생에 돌연 출현한 너는 나를 완전히 바꿔 놓았고 이제 네가 없는 세상을 상상할 수 없다. 삶에 번뇌의 원천이 되어 주어 고맙다.

엄마. 엄마가 이 책을 읽지 않았으면 좋겠다는 생각을 했다. 책을 엄마에게 보여 드릴 자신이 없다. 읽게 되신다면 딸내미의 거침없는 이야기에 상처받으시기보다 엄마를 이해하고 싶은 과정을 담았다고 받아들여 주신다면 좋겠다.

검증되지 않은 필자에게 덜컥 책을 내자고 제안해 준 연필의 차보현 대표님. 덕분에 끈기가 부족한 나는 책을 내기 위해 글을 계속 썼고 나의 삶을 서사화할 기회를 잡았다.

글을 쓰면서 내가 얼마나 좋은 사람들을 알아 오고 만나 왔는지도 새삼 깨달았다. 집에 박혀 있던 나에게 손 내밀어 주고 응원해 준 친구들이 고맙다. 글쓰기에 대한 자괴감과 열등감, 막막함에 시달릴 때마다 긴 글을 기꺼이 읽으며 자기 이야기를 해 준 얼굴 모르는 온라인 독자들은 나의 은인이다. 그들이 남겨 준 흔적을 만나며 내밀한 나의 이야기가 나만의 이야기가 아니라는 힘을 얻었다.

육아의 시간을 견디게 해 준 반(反)육아서

나는 육아가 힘들 때마다 육아서가 아니라, 기존의 육아 방식을 낯설게 보게 하는 책을 읽었다. 좋은 엄마가 되라고 하면, 왜 '좋은' 엄마가 되어야 하는지, 힘들어도 참고 이겨내라고 하면 오히려 힘들 수밖에 없는 조건과 상황은 무언지 알고 싶었다. 상황에 매몰되지 않고 거리를 두고 바라보고 싶었다. 내가 접하는 사회적 통념은 절대적 진리가 아니며 언제 어느 상황에서든지 바뀔 수 있는 상대적인 것에 불과하다고 인식하기만 해도 해방감이 느껴졌고 실제로 그렇게 읽은 책들은 나를 구원해 주었다.

엄마가 행복한 육아(아기 발달 전문가 김수연 박사, EBS 강영숙 PD의)

김수연, 강영숙 저 | 지식채널 | 2012.11.30

다른 육아서를 접하기 전 읽으면 좋다. 엄마에게 죄책감을 강요하고 불안을 조장하는 육아 정보에 비판적 관점을 가질 수 있다. 내 아이도 바로 될 것만 같은 엄마표 육아법, 모유 수유와 애착에 대한 절대적 믿음, 무분별한 정보를 양산하는 인터넷 커뮤니티. 모든 게 엄마 탓이라고 하는 '결정된다' 신드롬을 곧이곧대로 받아들이지 않기만으로도 '엄마가 행복한 육아'에 조금 가까이 다가갈 수 있음을 알려 준다.

글쓰기의 최전선('왜'라고 묻고 '느낌'이 쓰게 하라)

은유 저 | 메멘토 | 2015.04.27

글쓰기로 훅 들어가게 하는 깊이 있는 안내서. 전문직도 아니고 자식을 성공적으로 키우지도 않았고, 거창한 명예도 없는, 때론 자기 이름이 지워지는 삶을 사는 사람들이 왜 글을 써야 하는지 조곤조곤 풀어낸다. 자기 과시의 글쓰기가 아니라 불편과 곤란을 해석하는 글쓰기, 성공의 글쓰기가 아니라 고통의 글쓰기를 통해 자기 말을 찾고 삶의 서사를 만들도록 이끈다. 글쓰기가 막힐 때마다 펼쳐 본다. 읽으면 쓰게 된다.

엄마됨을 후회함

오나 도나스 저, 송소민 역 | 반니 | 2016.09.27

나의 엄마됨은 이 책을 읽기 전후로 나뉜다. 세상 전체가 엄마는 위대하다며 찬미하기에 엄마로 사는 삶의 고통은 어디에도 발설할 수 없다. 그런데 이 책은 금기에 도전한다. OECD 국가 최고 출산율을 기록하는 이스라엘에서, 헌신적으로 자식을 양육해 온 엄마들의 후회의 증언은 충격적이지만 낯설진 않다. 죽을 만큼 힘들고 까무러질 만큼 행복하다는 양가감정에서부터, 돌이킬 수만 있다면 결단코 엄마가 되지 않았을 거라는 후회까지. 어디에서도 듣지 못한 은밀하며 도발적인 말들을 접하며 나도 나의 말을 찾았다.

빨래하는 페미니즘(여자의 삶 속에서 다시 만난 페미니즘 고전)

스테퍼니 스탈 저, 고빛샘 역 | 민음사 | 2014.09.30

중산층, 명문대 출신으로 앞길 창창하던 저자는 임신과 출산으로 경력이 끊긴다. 암중모색 속에서 페미니즘 고전들을 자기만의 독해로 읽어 나가며 자기만의 삶을 다시 찾아간다. 저자와 나의 위치는 결코 같지 않지만 땀내 촉촉한 아이를 껴안으며 "대체 나에게 무슨 일이 일어난 걸까?"라고 묻는 문장에서 나의 이야기라는 강렬함에 휩싸였다. 밥 안 먹는 아이와 벌이는 실랑이부터 옷을 빨래통에 넣지 않는 남편과의 싸움, 아이를 생각하며 교외의 주택으로 나갔다가 다시 뉴욕의 아파트로 돌아오는 과정까지. 육아 현장을 공감 100%로 느끼면서 저자의 지적 여정을 따라가는 재미가 있다.

엄마의 독서

정아은 저 | 한겨레출판 | 2018.01.22

『빨래하는 페미니즘』의 '한국판'으로 이 책을 나란히 놓고 싶다. 육아서를 닥치는 대로 탐독한 저자가 육아서의 오류를 하나씩 격파하며 자신만의 답을 찾아가는 과정이 짜릿한 감동을 준다. 기존의 육아서가 사회 구조를 보지 못하도록 엄마 개인에게 육아의 덫을 씌우고 스스로를 채찍질하도록 하며 그럼에도 엄마가 될 수 있음에 감사하라고 강요한다는 걸 깨닫는다.

모성애의 발명

엘리자베트 벡 게른스하임 저, 이재원 역 | 알마 | 2014.01.20

이 책은 '독일의 저출산 분석 보고서'에 가깝다. 여성들에게 강요하는 '기획된 모성'이 저출산의 가장 큰 원인임을 밝혀내는 것이 주된 내용이다. 우리가 믿어 온 양육의 모습이 언제 어떻게 본격적으로 모양새가 만들어졌고 그 짐이 어떻게 여성들에게 부과되었는지, 왜 오늘날의 여성들은 어머니로서의 삶과 자기 삶의 투쟁 속에 살아가고 있는지 큰 그림에서 볼 수 있다. 당연하다고 여겨 온 사실이 당연하지 않음을 아는 것만으로도 자유로워질 수 있음을 이 책을 읽으며 알았다.

부모로 산다는 것(잃어버리는 많은 것들 그래도 세상을 살아가는 이유)

제니퍼 시니어 저, 이경식 역 | 알에이치코리아 | 2014.04.19

아이를 키우던 5년간 수시로 펼쳐 보던 나의 '인생 책'이다. 원서 제목은 『All Joy and No Fun』. 부모로 사는 환희와 고단함을 이토록 적절히 표현하다니. 이 책은 부모됨의 마음가짐과 태도 요령이 무엇인지 말하지 않는다. 관점을 180도 바꾸어 아이가 아닌 부모 관점을 제시한다. 아이라는 작은 존재가 한 인간의 인생에 불쑥 끼어들어 어떤 파장과 기복을 일으키는지 세밀하게 그려 낸다. 갓난아이가 태어난 순간부터 부부간의 가사 분담 싸움과 사춘기 아이들과의 전쟁까지. 한숨 푹푹 나오는 고단한 장면이 이어지고 그 끝에서 저자는 행복과 기쁨을 이야기한다. 오만 가지 걱정거리를 끌어안으며 살아야 하는 부모됨의 숙명을 빼곡한 참고문헌과 생생한 인터뷰를 동원해 흥미진진하게 풀어 가는 과정은 진한 감동과 위로, 통찰, 공감을 건넨다.

참고문헌

- **엄마 같지 않은 엄마**
  (누구나 느끼지만 누구도 말 못하는 육아의 속사정)
  세라 터너 저, 정지현 역 | 나무의철학 | 2016.12.01

- **아이가 나를 미치게 할 때**
  (화내거나 짜증내지 않고 아이 마음과 소통하는 법)
  에다 르샨 저, 김인숙 역 | 푸른육아 | 2008.05.23

- **신데렐라가 내딸을 잡아 먹었다**
  (여성스러운 소녀 문화의 최전선에서 날아온 긴급보고서)
  페기 오렌스타인 저, 김현정 역 | 에쎄 | 2013.08.05

- **엄마가 행복한 육아**
  (아기 발달 전문가 김수연 박사, EBS 강영숙 PD의)
  김수연, 강영숙 저 | 지식채널 | 2012.11.30

- **아내 가뭄**
  (가사 노동 불평등 보고서)
  애너벨 크랩, 정희진 저, 황금진 역 | 동양북스 | 2016.12.12

- **비혼입니다만, 그게 어쨌다구요?!**
  (결혼이 위험 부담인 시대를 사는 이들에게)
  우에노 지즈코, 미나시타 기류 저, 조승미 역 | 동녘 | 2017.01.16

• **페미니즘의 도전**
(한국 사회 일상의 성정치학)
정희진 저 | 교양인 | 2013.02.20

• **멀고도 가까운**
(읽기, 쓰기, 고독, 연대에 관하여)
리베카 솔닛 저, 김현우 역 | 반비 | 2016.02.11

• **엄마됨을 후회함**
오나 도나스 저, 송소민 역 | 반니 | 2016.09.27

• **부모로 산다는 것**
(잃어버리는 많은 것들 그래도 세상을 살아가는 이유, All Joy and No Fun)
제니퍼 시니어 저, 이경식 역 | 알에이치코리아 | 2014.04.19

• **모성애의 발명**
엘리자베트 벡 게른스하임 저, 이재원 역 | 알마 | 2014.01.20

• **사랑은 지독한 그러나 너무나 정상적인 혼란**
(사랑, 결혼, 가족, 아이들의 새로운 미래를 향한 근원적 성찰)
울리히 벡, 엘리자베트 벡 게른스하임 저 | 새물결 | 1999.07.25

• **82년생 김지영**
(오늘의 젊은 작가 13, 조남주 장편소설)
조남주 저 | 민음사 | 2016.10.14

• **우당탕탕, 작은 원시인이 나타났어요**
(1세부터 5세까지 이야기)
하비 카프 저, 이강표 역 | 한언 | 2011.06.25

엄마 되기의 민낯

지 은 이 | 신나리

펴 낸 날 | 초   판 1쇄 2018년 11월 16일
개정판 1쇄 2021년 10월 7일

디 자 인 | 이가민

펴 낸 곳 | ㈜연필
등   록 | 2017년 8월 31일 제2017-000009호
전   화 | 070-7566-7406
팩   스 | 0303-3444-7406
이 메 일 | editor@bookhb.com(편집부)
bookhb@bookhb.com(영업부)

ISBN 979-11-6276-291-2 03590